U0169020

LIBÉREZ

VOTRE

CERVEAU!

解放你的大脑

[法] 伊德里斯·阿贝尔坎 —— 著　刘莉 —— 译

湖南科学技术出版社　博集天卷 CS-BOOKY

真正的科学是自知愚昧。

——蒙田《随笔》

大脑解放宣言

法国著名精神分析学家，心理学博士

赛尔日·蒂斯龙

自从我们知道每一天都有新的神经元在大脑中诞生以来，颂扬神经科学优点的书籍就不断涌现……但伊德里斯·阿贝尔坎的这本《解放你的大脑》与众不同。本书可以说是一份宣言：一份邀请我们"抹杀"某种过往，以"支持大脑"的宣言。

他的思考围绕一条条红线展开，我把握了其中的三条。第一条是知识经济。资金流让一些人的腰包鼓起来，让另外一些人陷入贫困，而知识流令所有人受益。这方面的一个最佳例证是被引入印度的知识货币，其持有者只能向给他上课的人支付此种货币，上什么课则由他自己选择。这样一来收到这种钱的人也不能把钱用在别的地方，除非是他自己也去上课，从受教育程度最低的人一直到受教育程度最高的人莫不如此。每个人都充实了自己，不只是因为他所获得的知识，还因为他所传授的知识，因为在阐释方面做出的努力令教的人和学的人同样受益。这样就形成了一根连续不断的良性的知识传递链条。

贯穿《解放你的大脑》的第二条红线是"一拃"：我们都知道，这个词指的是张大手掌后大拇指指尖与中指指尖的距离。在文艺复兴时期，这个距离概念是作为一个度量单位被提出的，适用于人类居住的世界。人类能够把握的世界，就构建在这一度量单位的基础上。历史上出现过其他的"一拃"，首先是各种一神论宗教提出的，之后是文艺复兴后，随着民主观念的出现由启蒙哲学提出的。它们都或多或少有效地提出了一种幸福和自由的典范。如今，神经科学的研究让我们看到了一种新形式的"一拃"：我们的大脑可能的开放程度，以及当认知对象以某种方式出现时，大脑能够把握它的方式。就像我们的手只能抓住一个以正确的方式呈现的物体一样，这就是今天人们所说的"符合人类工效学"。我们的大脑定义的"一拃"是——举例来说——有利于熟记的条件，便于我们掌握新的学习内容的研究角度，等等。文艺复兴时期，建筑物以人体尺寸为建造标准，同样，今天各种组织也应该根据我们对大脑的认识来构建，尤其是以传播知识为使命的组织。

最后，作者树立的第三条红线涉及他提到的"自我"这个名词，它让人想起超个体性的重要性。尽管我更愿意从"欲望"而非"自我"的方面来思考超个体性的实现，但我还是同意他的结论：没有极端的自我，只有懂得服务于个人计划的自我。自我的发展不一定导致对第二自我的否定。超个体性并不一定意味着超个人主义，两种强烈的个性有可能相得益彰。换言之，我们最珍视的计划是既能让我们得到充分发展，又对世界有用的。前提是我们不把它能带来的社会成就和附带收益置于实施该计划本身的幸福感之前。一项计划就像一个孩子，我们帮助他成长、充分发展、适应社会。正如优秀的父母并不把子女的优点归功于自己，而是对他们的成功感到高兴一样，阿贝尔坎希望计划的制订者们不要将成功都视为自己的功劳。

这三条红线——读者还会发现其他红线——使得阿贝尔坎能够构思这本丝毫不会令人感到厌倦的著作，更何况它还具有显著的教育意义。书中的比喻总是令人豁然开朗，例如他用填喂鹅来比喻学校对孩子们的做法：跟不幸的家禽长成一只有脂肪肝的鹅一样，对学生的填喂导致他们有了一个"脂肪大脑"！这画面令人难忘……

我承认，在阿贝尔坎对神经科学的激情中，我又看到了自己过去对精神分析法所抱有的那种热忱，尤其是在他设想重新赋予人优越于组织的地位时。遗憾的是，精神分析法所取得的成功有时将它变成了一个基于单一原则的解释体系。事实证明，大学出于对弗洛伊德主义的兴趣对其紧抓不放，然而其分等级的组织结构对这一学说产生了灾难性的后果。大学等级森严的体系强化了精神分析学的体系，它问世时那种引人注目的开放、好奇和自由探索的精神遭到了破坏，以至于越来越多的精神分析学家，不管是否属于特定流派，都一致要求治疗实践以证据而不是以直觉为基础。

阿贝尔坎则不断提醒我们，对诞生于过去那种坚信不疑、因循守旧的思想体系的等级制度，不受偏见束缚的实验是何等重要。被束缚的思想是他唯一的敌人，他既反对那些幻想用一种媒介力量来取代另一种的报复性的唯科学主义，也反对那些将科学验证作为一门有利可图的生意的人。他不断提醒大家，人类的各种系统应适应我们新发掘的人类的巨大可能性，并通过此种方式捍卫了他思想体系的一个主要原则：忠于理想。

今天，神经科学对我们的习惯和思考方式的探究多过任何其他学科，阿

　　贝尔坎让我们看到，探究的结果有可能为一种新的伦理奠定基础，但我们首先要认识到这些探究本身的不足。因为我们的大脑始终比它能够设想的东西更伟大。我们应避免构建号称可以解释一切的理论，因为这一说法并不严谨，我们不妨构建带有未知部分的理论。

　　最后我要引述作者的话："应该引起人的兴趣，不要对属于初级神经工效学的东西感到羞愧，其实早在'神经工效学'这个术语被发明出来之前，人文主义者就对此有所了解。绝不要羞于惊叹，绝不要以为专业人员就是不再惊叹的人。"阿贝尔坎不只有此天赋，还能与我们分享他的这一天赋。

目　录
Contents

第三章　什么是神经智慧？ >>

第一章
解放你的大脑

>>

1. 神经工效学入门

　　我们并未很好地利用我们的大脑。在学校里、工作中、政治上，我们没有以符合人类工效学的方式利用我们的大脑。对大脑利用不佳会产生各种不同的后果，但其共同点是苦恼、思想僵化和效率低下。在经济中尤其如此，状况相当令人不满，人类的集体大脑受到束缚，因为每个人的大脑受到束缚。束缚从何而来？如何能够摆脱呢？

　　神经工效学是善用人类大脑的艺术。椅子比凳子更加符合人类工效学，因为椅子能更好地分配坐在椅子上的人的重量，同样，我们可以换种方式，以便更有效地分配我们大脑中知识、信息和经验的"重量"。当我们这样做的时候，其结果意味深远，令人震惊。

　　当人类发明杠杆、滑轮或蒸汽机的时候，世界因此而改变。当人类有了文字、印刷术、互联网的时候，世界面貌一新。当我们将杠杆引入我们的物质生活的时候，世界变了。当我们将杠杆引入我们的精神生活的时候，世界变化更大了，因为变化的不再是工具，而是工具的操作者。他们的观点，他们对世界、对自身及对其他人的理解，他们的行动理由，全都发生了改变，因为他们的精神生活更加自由了。从事神经工效学研究，就是改变世界，改变一个又一个大脑，从而改变人类的命运。从事神经工效学研究，就是解放人们的精神生活。

　　我们能够更好地学习、生产和投票；我们能够更深入地思考、沟通和理解；生活可以更加快乐、幸福和多产，因此更加辉煌。那么，准确地说使大脑摆脱束缚意味着什么呢？

　　释放精神的力量，比如，德国版《最强大脑》选手吕迪格尔·加姆（生于 1971 年）能通过心算将素数除到小数点后第六十位。夏琨塔拉·戴维（1929—2013）在 1977 年比一台计算机更快地算出了 188 138 517 的立方根，在不到一分钟的时间里算出了一个 201 位数的 23 次方根，还通过心算在 28 秒的时间里算出了两个 13 位数相乘的结果。

　　印度神童普利扬西·索曼妮（生于 1998 年）能在不到 3 分钟的时间里计算 10 个 6 位数的平方根，精确到小数点后 8 位。阿尔贝托·科托（生于 1970 年）保持着 100 位数加法运算速度的世界纪录——17 秒（每秒最少心算 6 次）。1976 年，维姆·克莱因（1912—1986）用 43 秒的时间计算出了一个 500 位数的 73 次方根。

　　夏琨塔拉·戴维或吕迪格尔·加姆拥有的神经元并不比你我更多，他们也没有更大的大脑或者巨大的大脑表面积。相反，一名举重运动员的肌肉细胞比一般人多得多。目前 105 公斤级抓举的世界纪录保持者是拉沙·塔拉卡哈德泽，他的举重成绩是 215 公斤……他身高 1.97 米，体重 157 公斤，因此，他的肌肉比读到这本书的大多数人要多得多。物质世界中，一名运动员进行训练时，他的肌肉会越练越大，因为肌肉没有包裹在骨头中。而当一个人在精神世界中进行训练时，他的大脑却不会变大，因为大脑被包裹在颅骨中，其体积基本固定。从神经元的质量、成分、体积和数量看，像吕迪格尔·加姆那样的心算竞技者，也不过有着跟常人一样的大脑。打个比方来说，他跟我们的"计算机硬件"一样，但"操作系统"不同——他使用的不是 Windows 系统。然而，他大脑与众不同的表现应该是有某种原因的，如果原因不在于细胞的质量或数量，那应该在于其使用方式，即符合人类工效学的方式：没有更多的神经元，没有更大的面积，没有更快的突触……但有着不同的连接。

2001 年，一个法国研究小组通过计算机断层扫描对吕迪格尔·加姆的大脑进行了研究，将他的大脑与普通心算者的大脑进行对比。断层扫描集中在特定任务（如心算）期间消耗更多葡萄糖的大脑区域。研究小组发现，加姆除了很好地利用了他和"普通"心算者都使用的区域，还利用了其他区域。这其中有皮层和小脑的区域，所有人都拥有这些区域，但大部分人并不用这些区域进行计算：事实上人们在加姆身上看到内嗅区、海马区和小脑都被激活了。

小脑的计算能力十分出色。事实上，其组成就像一个真正的数据中心：一排排的神经元（浦肯野细胞），如同整齐地排列在水晶中，参与我们的运动、平衡、肢体加速以及姿势，却不需要我们去下达指令。这个器官有着强烈的功能自主性，这与其解剖体位有关：它缩在偏下的位置，组织方式与大脑其他部分不同，其运作让人想起显卡。如果我们懂得如何利用其计算自主性，它就会成为我们大脑活动的杠杆。总而言之，小脑是协调我们身体活动的重要因素，但它也可以协调我们的思维活动，心算奇人们似乎证明了这一点。

像加姆和克莱因那样的人是怎么做的呢？想象用玻璃瓶装一大瓶水，这瓶水代表一道数学题（例如通过心算计算一个 500 位数的 73 次方根）。这瓶水有一定的重量。该重量代表问题的"认知负荷"。想象你的手是张开的。张开的手代表你的大脑或者你的思维活动。为了解决这个问题，也就是抬起水瓶，你和我只用到我们的小指头。这样一来，这项任务会让人厌倦，甚至无法完成。而加姆和克莱因，他们使用他们的整只手，因此可以更加轻松地抬起瓶子，并且抬得更久。

在这个比喻中，小指头代表我们的工作记忆，或者说"视觉-空间备忘录"，即我们思维活动的有限模块，我们每天都借助这些工作记忆，我们习惯了最先利用这些记忆来解决考验智力的问题。工作记忆在 15 秒的时间里肯定一下子就饱和了……你能重复 15 秒钟之前读过的句子吗？

如果我们的手代表我们的思维活动，那么其他手指可以表示我们的空间记忆、情节记忆、程序记忆（小脑和运动皮质参与其中）。这些模块要强大得多，它们可以比视觉-空间备忘录或工作记忆（例如，我们利用工作记忆记住一个电话号码）更快、更不费力地"抬起重物"。我们全都拥有情节记忆、程序记忆和空间记忆，也许跟维姆·克莱因或吕迪格尔·加姆的记忆力一样强大，只是我们不利用这些记忆来进行心算。利用这些记忆，我们知道自己是在哪里长大的（情节记忆），如何打领结（程序记忆），我们把车停在哪里了（空间记忆或者情节记忆）。

因此，使克莱因和加姆成为奇才的并非更大的大脑，而是他们能够以符合人类工效学的方式利用大脑。他们的成绩是神经工效学的完美例子。我相信如果花上 5 万个小时进行练习（确实如此！），所有人都能取得这些成绩。但并非所有人都想成为举重运动员、记忆或心算竞技者，因为神经工效学方面的这些技巧大都是后天习得的，很少依靠天赋，常常需要在受到启发的情况下不停地进行实践。

我们的大脑有关节，有一些运动它能做，有一些运动它不能做，它有着明确的极限——"一拃"。手的一拃，是张大手掌后大拇指指尖与中指指尖的距离。这限制着我们能够抓握的东西。但是如果有把手的话，我们能抓住比我们的手大得多的东西。思维活动的对象具有可比性：我们的大脑能抓起比意识的"一拃"更大的思想观点，但这个思想观点必须有一个把手。在心理学上，一个物体最自然地被手抓取的部分叫作"可获取性"。例如，对一口带柄的锅，手柄就是它的可获取性。思想观点也有可获取性，优秀教师懂得给抽象概念装上一个简单的智力把手。这也是神经工效学。

人们常常说，我们只使用了大脑的10%。这是鬼话，从进化意义上来说甚至是句蠢话。"10%"指什么？其质量的10%？其所消耗的能量的10%？细胞数量的10%？我们的大脑通过进化得到了优化；亿万的智人和人科里的不同人种，在削尖脑袋的过程中失去了生命，其间，大脑的灵活性、可塑性和适应性已变得极强，已经没有什么重要东西往里扔了。"10%"，话是没错，但并没有什么意义。像"我们只使用手的10%"这样一句话是什么意思呢？或者"你只使用了这笔钢笔的10%"？大脑的10%之所以吸引我们的注意是因为我们习惯对数字、分数、百分比等做出反应。这就是作家雷内·格农所说的"数字为王"：我们无法真正地评估事物的质量，因此我们习惯只看数量、分数，即使这些是错的或者与主题无关。

不过，我们确实没有利用我们大脑的全部"潜能"，正如我们没有利用我们双手的全部潜能一样：指挥一首交响曲、绘制一幅杰作、制作一把小提琴、打碎一块水泥砖……这些都是我们的双手能够做到的，但一生仅实现其中一件壮举的人也没有多少。同样，我们只利用了大脑潜能的一小部分。麻省理工学院的座右铭是"头脑和手"；从某种意义上说，这暗示了我们对自己的头脑利用得远远不够。想一想人类使用双手的历程——比如从旧石器时代两面加工的石器到钢琴——我们就能想象那些由我们对"动作"的精细控制反映出的不可思议的活动范围——我们称之为"运动空间"。对我们的思维活动来说也是一样。

也许未来身体和思维的交互方式将使我们身体活动的潜能与思维活动的潜能巧妙地结合起来，因为二者的共同演进和二者的实现交织在一起。事实上，神经元出现在进化中是为了控制身体活动的动作。到了后来神经元才开始控制思维活动的动作。不论是约翰·柯川的《巨人脚步》还是丁托列托的《天堂》，在"创作"这个精细的动作中，我们的双手在精确度方面的潜能使我们在其后的岁月可以驾驭比老式钢琴更加微小精妙的机械，既可以驾驶宇宙飞船，也可以操作外科手术。工具，不论是乐器还是其他东西，是连接我们的身体活动和思维活动的神圣地峡。在探索该地峡的艺术中，我们还有好长一段路要走。

全是奇才？

我是那种认为我们全都能成为"奇才"的人。问题不在于我们的能力，而在于我们对"奇才"这个词的定义，实际上这个词十分幼稚。让我们来谈谈智商吧，这是雷内·格农断言的"数字为王"的典型产物。最初，智商属于英国心理学家查尔斯·斯皮尔曼提出的"G 因素"。1904 年，斯皮尔曼发现各科的学业成绩之间存在明显的关联，例如，一个英语成绩出色的孩子，其数学成绩也出色的可能性较大，因此，常常有所有学科都出类拔萃的"班级第一"。看到这种情况后，斯皮尔曼想要找到这种学业出色的人的共同点——他称之为"G 因素"，G 是一般的意思。智商的概念在孕育中。

难以将斯皮尔曼的发现与当时盛行的优生学和"社会卫生学"的普遍趋势区分开来。事实上，衡量质量的标准是优生学家高尔顿推广的，他对人的智力水平制定了伪科学的分级，由此论证了殖民的合理性。然而，斯皮尔曼观察到的仅仅是一种强相关关系，而这种关系势必存在于学校考试天然具有的智力性质中。一名学生在英语考试中的能力上限与他在数学考试中的能力上限差别不大。无论如何，学校不能代表人的一生：是人生包含学校，而不是反过来。同样，学校也不能代表全人类，G因素更不会。虽说他强调了智力的一个小而可复制的方面，但要说他懂得了什么是卓越，甚至是掌握了变得卓越的方法，那就是伪科学了。G因素之于智力就像是幻象之于人的头脑。它运载知识，也就是"可复制的"信息，但运载的知识太少，把它与智力这样一种只有生活能够评判的多维现象相提并论是多么无知和傲慢啊。在思维活动中根据G因素对人进行选拔，就像在身体活动中根据身材对人进行选拔一样：对某些比赛来说这是有意义的，但一个身材矮小的人原则上并没有被篮球运动拒之门外，一个矮胖的人也并不一定不适合马术。

我经常提起这样一件事：在十多年的时间里，绰号"The Chin"的黑手党首领文森特·吉甘特最终让十多名精神科医生（其中不乏最杰出的和最受敬重的）相信其智力低下，而他其实是20世纪80年代纽约最有势力的教父。

"G因素宗教"本身不过是"数量"这个"大宗教"中的一个教派，且对异教徒冷酷无情。不过，如果学业成功存在一个身体上的共同点，如果身材或眼睛的颜色都是学业成功的因素之一，那么无论哪个通情达理的人都会认为学校不好，因为它不尊重身体的多样性——身体的多样性本身是一件好事，因为它是长期物竞天择的结果。那么为什么我们愿意将常识运用在身体活动方面，却拒绝应用在思维活动方面呢？很多时候，那些普遍用于评价身体活动的常识，在思维活动的评价体系中还有待确立，因为我们能看见我们的手、我们正在做的动作，但我们看不见我们运行中的大脑，我们的智力。

如果G因素足以一直预言学习成绩，那就说明一个度量标准即能衡量整个学校……这对学校来说是个坏消息，对我们的心智来说则不然——正如将学业成功归结为身材或眼睛颜色的行为会暴露其缺陷一样。因为这暴露的并非黑眼睛或小个子的缺陷，而是信奉这种标准并据此打分的学校的缺陷。

如同身体的影子一样，G 因素是可复制的。在一个人一生的漫长时间里，G 因素的大小往往保持不变，它在很大程度是可以遗传的。然而，虽然一只鸟的翅膀长度在其成年后保持不变且可以遗传，但这不足以反映所有鸟的飞翔情况，也不能说明大自然在所有种类中选择了它。人的智力现象远比一个一维尺度更加复杂、微妙和多样。然而，我们喜欢强迫现实符合我们的尺度而不是把我们的尺度扩展到现实。虽然 G 因素容易与分数、学术成绩和工资发生关联，但这是社会的同语反复现象。我们的学校和以学习成绩为基础的社会在很大程度上是根据该因素来挑选人的。但 G 因素不太出众的人存在了20 万年，这个简单的事实证明大自然并不是根据这个标准来挑选我们的。与我们有政治倾向的、幼稚的选拔方式相比，大自然要高深得多。

那么，奇才是什么？没有过人的 G 因素的人也能够成为奇才，这是肯定的。同样有可能的是在几乎失聪的情况下成为一名伟大的作曲家（贝多芬）、在读军校时成绩平平并且有阅读障碍的情况下成为伟大的将军（巴顿）。至于武元甲将军，他在越战期间击败了世界上最训练有素的军队以及那个时代思想最为敏锐的军人，但他没有接受过正规的军事教育。这就是现实，不论我们是否承认。

在圣西尔军校，伯纳德·劳·蒙哥马利[1]曾是一名普普通通的学生，而悲惨的、配得上其名字的莫里斯·甘末林[2]1893 年以第一名的成绩毕业。

---

[1]　第二次世界大战中的英国著名军事指挥官。

[2]　法国将军，第二次世界大战之初担任法国境内的盟军总司令。

我从他们身上学到的是：时势造英雄，一个人所受的教育并非决定性因素。如果这项原则得到证实，那就意味着我们的选拔方式只是对大自然的选拔方式的平庸模仿，而大自然的选拔远比人们（包括学校教务处）看到的更古老、更广泛、更多样化。

打分生活与真实生活的关系就相当于木马与真马的关系。你有可能在木马上多次考砸，随后在一匹真马上表现出色，把班上的优等生们远远地甩在后面。然而，在我们创造的社会中，在真马上表现出色但没有通过木马考试的人会被当作骗子或暴发户。人就是这样造就的，但这种戏弄新生的做法反映了思想的弱点。如果你的全部生活都建立在一匹木马上，那么你会更容易相信真马不过是一个传说。

人们让我们相信真实生活（职业方面的、科学方面的……）无法脱离打分生活而存在。这就是为什么一名科学家要花时间关注他的论文排名，不这样的话他就不存在。由于我很早就想使自己的思维活动摆脱打分生活，我领悟了这样一个真谛：真实生活可以包含打分生活，打分生活不能包含真实生活。真实生活比打分生活更加古老，更加神圣，更加真实，更加崇高，打分生活对真实生活发动了一场政变。任何批评这场政变的人都将面临可怕的惩罚，因为试图除掉真实生活并且取而代之的体制拥有暴虐宗教的一切属性，有教士、专横严格的调查以及赎罪。

在第三共和国时期，法国学校在凳子上教学生们游泳。人们利用各种器械学习游泳，但从不下水。想象一下这样的游泳许可证制度，要求必须通过理论和器械考试才能获得该许可。如果这种制度下的游泳教练遇到了一名在水里学习游泳的亚马孙或加勒比儿童，此人会做何反应呢？他会经过认知失调的所有阶段，大概在寻找一种荒诞的解释来维持他仰赖一生的思想体系。他的解释不外乎"这个孩子是特例""这个孩子是在凳子上接受游泳训练的，但他把凳子藏了起来"以及"这个孩子不存在！"。科学家习惯这样转变他们的思维方式：如果我不知道，那么这不存在；如果这不存在，那么这不可能存在。

学术卓越或智商与相关神经元？

在学校这匹木马上，存在与某种卓越理念有关联的特定因素。这个 G 因素或"智商"作为认知尺度是有用的，例如用于评估创伤或化学污染对一个人智力的影响，但我们无法断定某种结果。如果对关于该主题的众多科学出版物进行分析的话，就会发现这些相关神经元更像是以下这样：

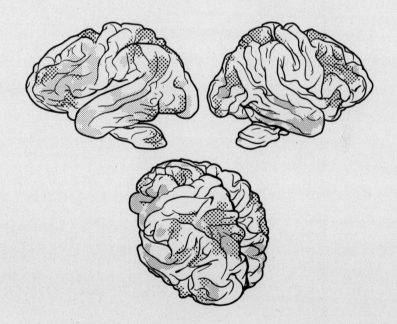

上面的三张图是从三个角度看到的大脑，图上标示的是从数百人的样本中总结出的普遍的神经元活动，即：

标示大圆点的部分：数学

- 心算

- 四则运算

- 心理旋转[1]

- 计算（心算或在纸上演算）。

标示小圆点的部分：语言[2]

- 阅读，包括：

——从语义上认识字词

——从视觉上认识字词

与这些思维功能有关的神经元活动图示是从超过两百种科学出版物中总结得出的。在认知神经科学上，人们常常严谨地采用统计上的近似法：把相关关系当作因果关系。然而，在这里我们看到的只是与阅读或心算有关的活动，这并不意味着这些活动是阅读或心算能够进行的原因。

第一张图显示的是大脑的右半球，第二张图显示的是左半球，第三张图以左顶内沟（同时拥有大小两种圆点的区域，在图像中心）为中心。被德阿纳[3]和巴特沃思[4]称为"数学隆起"的顶内沟拥有一群一群的神经元，其作用在精确计算中至关重要。这些神经元群位于两个大脑半球中。事实上，单看"大圆点"部分（在这里与数学有关）的话，这些活动在两个大脑半球上几乎完全对称。相反，与语言有关的活动并不对称：一般说来，与语言相

---

[1] 人在头脑中想象对物体进行二维或三维旋转的过程。

[2] 此处以欧洲语言为例，中文或者韩文情况则略有不同。

[3] 斯坦尼斯拉斯·德阿纳（Stanislas Dehaene），法国认知神经学家。

[4] 布赖恩·巴特沃思（Brian Butterworth），英国认知神经心理学家。

关的神经元大都集中在左侧。简单说来就是左右顶内沟对我们的计算能力都有帮助，而在需要通过书面和口头方式重现结果的学习任务中我们则更多地利用左顶内沟。

显然，学校强调的几乎都是学生的口头表达能力，尤其是在数学方面，如果一名学生终于解出了一道题，但不会口头论证，那么他一分都得不到。正如我们的大脑会做事但不会解释一样（多数情况下都是如此），将优秀与语言表达联系起来已经是一种限制。因此，如果人们把（在教育中被低估的）意志力和动机排除在外，只把注意力集中在"智力"上，那么"得高分"现象（一个复杂的现象）的核心因素大概是左顶内沟。该现象甚至比人们所认为的更加具有局限性，即使是在大脑活动中。

另一个问题：可能存在的普遍智力退化问题。2013 年，伍德利、德尼延胡伊斯和墨菲[1]发表了一项研究，断言存在"大众智力减退"现象。该研究围绕一个自维多利亚时代就有的非常简单的实验展开：把一个点贴在一个屏幕上，请实验对象不加思考地说出这个点是在他的左边还是右边。该实验发现近来人们的反应时间变长了，有些人把这看作智力减退的标志。

在我看来，这是对一个不足以反映大众智力的小型实验的过度解释。由于我自己做过这个实验，我可以确定你的意识越是"飘忽不定"，你的自发性思维活动越是强烈，你对这些"感知决定"的基础实验就越不敏感。这证明你没那么聪明？对这个实验结果的一个可能的解释是，与过去相比，今天的人们"思考"得更多，他们的大脑充斥着自发性活动、反省和默记，这些

---

[1]　伍德利，德尼延胡伊斯和墨菲，《维多利亚时代的人比我们更聪明？从简单的反应时间变慢的元分析中估计的普遍智力减退》。

活动让他们不能在一项过时的实验中表现出色。

从尼安德特人到智人，大脑的尺寸缩小了。但能说在这个过程中，人科的认知能力下降了吗？我不这么认为。

如果你把自己局限于打分生活，你就不会有生活，你会卖掉一匹真马去买一个木马。更糟的是，你会把这个木马传给你的孩子。活在分数中的人不及一个普通人。继承了优生学思想的我们以为尼采的 Ubermensch（"超人"）存在于打分生活中的人身上，尽管"超人"恰恰存在于摆脱了打分生活的人身上。晚期智人胜过"得高分的人"。"得高分"让我们得意，让我们忘记了这首先是一种异化。人们会对奴隶进行打分，继而将其买入或者卖出。

智慧的皮埃尔·哈比参透了这个道理，于是抛弃了他那个时代的教科书。他懂得应该是教科书服务于人，而不是人臣服于教科书。在 2011 年 TEDx 的巴黎大会上，他提出了这样一个问题："在死之前你活过吗？"他的话是说给那些体验过真实生活的人听的。

现代社会已经做出了伟大的宣告，从某种意义上说进步将解放人类。但就我而言，当我追寻一个人在现代社会的人生历程时，我发现的是一连串的禁锢，不管是否合理。从幼儿园到大学，人们都被关着，人们管这叫"bahut"，这个词既有箱子的意思，也有中学的意思。所有人都在箱子里工作，小箱子，大箱子，大大小小的箱子。即使出去玩，也是坐在箱子里去，当然是车厢……然后你有了最后一个箱子，来猜猜那是什么？这就是为什么我问自己这样一个问题：在死亡之前你活过吗？

过去，我们因为自己而存在，不是因为我们的职责。但由于部落结构固化，其后又随着城市化而扩展，职责排挤了存在。可是我不相信莎士比亚曾经的断言："做还是不做，这是个问题。"皮埃尔·哈比说得对：我们创造了各种各样的箱子，思维的、文化的或物质的，我们习惯了时刻把自己关在这些箱子里。这样的封闭环境成了我们无比熟悉的生活状态，以至于我们时常不知道撇开我们所在的箱子该如何定义自己。

事实上我们的大脑一而再再而三地遭到禁锢，这使我们最终把禁锢纳入了思想框架。因为从长期看，在一个框架中思考比在框架外思考速度更快，以至于框架之于思考就如同工业化之于农业：是工具，但也是限制、程序化、束缚，使得鉴赏力和多样性变得贫乏，适应力也随之减弱。

19 世纪中叶，一场大饥荒席卷爱尔兰。当时该国的土豆几乎都来自无性繁殖。所以当霜霉病侵袭土豆的时候，多样性的缺乏使收成化为泡影，国家因此遭遇当代最悲惨的危机。如果生物多样性的缺乏能在短短几天的时间内毁灭我们，那思维多样性的缺乏也一样，而我们的教育又加剧了思维的单一化。我们的教育之于我们的大脑就如同工业化的农业之于种植业。耗竭生物多样性会毁灭我们，耗竭"思维多样性"，我们将毁灭得更加彻底。

甚至比尔·盖茨（他并未逃脱打分生活，因为在我们的社会中财富是最受重视的分数）也承认："我考砸了。相反，我有一个朋友，他在哈佛逢考必胜。他嘛，是微软的工程师，而我，是微软的缔造者。"结论：失败是一张文凭，没有这张文凭的人会被生活拒之门外，而门里面是一整个世界，包括创业。然而，思维方式在变：普林斯顿的杰出教授约翰内斯·豪斯霍费尔最近发表了一份"失败简历"。

"生活是遭你蔑视的重要一课，"理查德·弗朗西斯·伯顿在他最伟大的诗篇中写道，"知道我们所知道的一切毫无价值。"生活在 19 世纪的伯顿能流利地使用 29 种语言和方言，包括阿拉伯语。他的阿拉伯语说得无可挑剔，以至于他化装成阿拉伯人前往麦加朝圣的时候，用阿拉伯语思考、说梦话、自言自语。年轻时，他没有走上当公务员的康庄大道，上学的时候就离开了牛津，以光彩夺目的方式展现他强烈的个性，今天他为我们所知正是因为这样的个性，而他成千上万的同伴，位高权重的官员们，在我们的记忆中荡然无存。

我对奇才们感兴趣，无论是从科学的角度还是从其个人角度。如果说我从他们身上学到了什么，一方面就是他们醉心于实践，另一方面是他们那种不肯安分守己的强烈倾向。学校教你的第一课就是安分守己，这自然会让奇才们望而却步，或者学校只从他们中选择那些能够容忍其桎梏的人。然而，对任何想要变得出类拔萃的人，我都给予同样的忠告：不论在才智上还是财富上，永远不要满足于现状。如果检验一下这条忠告，人们大概就会明白为什么崇尚安分守己文化的国家有可能压制优秀的才能。

我还观察到另一个现象：那些老老实实安分守己的人往往强烈地憎恨那些不安分守己的人。这不怪他们，他们与"马弗里克们"[1]的对照确实让人在心理上很难接受，因为这对照让他们想起自己当初的选择：他们本来能够——或者说应该——离开一群"身上烙有火印"的人。如果你再想一下，这个火印有多痛，你就会更加理解烙有火印的人对没烙火印的人的仇恨。经过此番观察，我对"马弗里克们"和这些绝不安分守己的逃亡的"黑奴"生出了深深的敬意。我们危机四伏的后现代社会需要他们。

---

[1] 源自美国得克萨斯州律师塞缪尔·马弗里克，他拒绝给他的牲口烙上火印，后指未烙印的牲口或标新立异、不合常规的人。

　　奇才们的一个明显倾向，正如心理学家 K.安德斯·艾利克森指出的，是刻意练习。奇才进行练习不是因为有人要求他这么做，而是因为他喜欢。莱昂纳多·达·芬奇断言热爱是一切知识的源泉。同样，奇才工作也是出于热爱。他工作不是为了分数、奖金或者别人的认可，他工作是为了自己，是出于对自己所创作的东西无条件的向往。达·芬奇们、保罗·寇恩们都是如此——保罗·寇恩是个数学奇才，他证明了 ZFC 集合论不能反驳连续统假设这个高深的命题，他拒绝在工作前查阅参考书目（或者还有格里戈里·佩雷尔曼——证明了庞加莱猜想的奇才），他不想让同伴们用狭隘的眼光审视他的工作，不但拒绝了菲尔兹奖，还拒绝了克雷数学研究所的百万奖金。被称为"二十世纪的莱昂纳多"的尼古拉·特斯拉也是如此，他领先自己的同伴数十年，不像他们那样工作，也不像他们那样思考。另外还有艾米莉·迪金森以及其他许许多多的人……

　　我们现在要回到刻意练习的概念上来，因为这对于理解专业知识的概念——以及更深一层的奇才的概念——至关重要。

　　还是以纳尔逊·德里斯为例，他是当今最传奇的记忆竞技者之一。这个人并非生来就是记忆天才。他因为看到身患阿尔兹海默症的祖母认知退化，激发了对"记忆学"的热情。他生于 1984 年，2009 年首次参加竞赛，随后他击败了同辈里一些已证实在默记方面天赋异禀的竞技者。德里斯给我们上的一课就是，刻意练习，即便起步较晚，也能超越"天分"。

2. 是的，必须彻底改变我们的学校！

　　如果说人们过分看重智商，那么这种现象源于一种更加广泛的文化综合征——表现出来的症状是数字为王——而且人们连眉头都不皱一下就把这些谎言机械地灌输给孩子们。一些孩子气的谎言不会有多大问题（例如圣诞老人），而另外一些谎言则会对全人类造成困扰。为了弄明白一些最源头的谎言，我们来对比一下打分生活和真实生活，木马和真马。

	在打分生活中	在真实生活中
循规蹈矩	唯一的道路	糟糕的道路
安分守己	唯一的道路	服从的道路
质疑权威	禁止	必需
畅所欲言	不宜	极其重要
独立自主	不宜	极其重要
问题 / 答案	找到一个问题的最佳答案	用事实证明这个答案有理
团队合作	只有在无关紧要的任务中才能进行团队合作，否则会被视为作弊	极其重要

因此，打分生活至少在人生的七个重要方面欺骗了我们。之所以注意到第六个方面（问题/答案）主要是因为纳西姆·尼古拉斯·塔勒布说："在真实生活的考试中，有人会给你一个答案，而你得靠自己去找出那个最佳问题。"史蒂夫·乔布斯提出了相同的观点：

在你成长的过程中，你倾向于接受世界本来的样子，告诉自己在这个世界上，你的人生就是这样：不要四处碰壁，拥有一个美满的家庭，存一点钱……其实这是非常狭隘的人生。一旦你发现一个非常简单的事实，生活可以广阔得多，这个事实就是：你周围的一切，你称之为生活的东西，其缔造者并不比你更聪明，你可以改变生活、影响世界，你可以创造属于自己的东西，让别人去用。一旦你了解到这一点，你的生活将从此改变。

不过，如果说学校确实教过我一件与成功无关的事，那就是它完美的形式不应该被改变，至少不应被接受学校打分教育的我改变，并且我所处的这个世界——那些最杰出的所思考的世界——其实超出了世界上大部分人能理解的范畴。生活在这个世界上的是一些令人讨厌的人，他们没有义务去改变世界。因为改天换地是精英们的事，而上一辈的精英们确立了其正统性……因此，影响甚至改变世界的特权只属于拥有学校认定的优点的人——学校是优点的垄断者。因此，必须得到来自上面的承认才能质疑当前的现实，质疑质疑本身。

学校把两种恶变成两种善，把六种善（自我定位、不盲目接受权威、畅所欲言、独立自主、团队合作等）变成六种恶。奇才理查德·弗朗西斯·伯顿对新生现代社会的这一机制洞若观火，于是他：

——从来只是在表面上循规蹈矩；

——从不安分守己；

——很早就自立了；

——早早地学会了在正确的时间、用正确的方法进行团队合作。

在《哈家杜·伊尔耶兹迪之歌》中，他吟诵道：

时光流逝，

每一种恶都戴上了善的桂冠，

每一种善都作为一种恶或罪行遭到放逐。

例如，今天，利己主义、冷漠和践踏自然是我们后现代社会的三大"美德"，但在土著社会是三大恶习。谁都明白留给孩子一个比当下更糟糕的世界是一种恶，而不是一种善。

在学校，老师教导我们服从是至高无上的美德，这样的教导将伴随我们一生。尤其在学术世界中，服从是所有美德中最神圣的。从文章到职业生涯，委员会、评价和出版许可的文书文件还有经济资助，一层又一层，都迫使你去服从。在真实生活中，正如一句至理名言所说，"你越是努力去适应模具，看起来就越像一个合格的馅饼"。人生成功就是掌控人生，就是接受其特性，突出而不是压制其特性，在人类的选择标准是方形的时候接受生活是圆的，因为是自然的选择造就了我们的不同。任何非自然的选择都是优生学。

成功的人生意味着绝不妥协，绝不屈就于模具，对史蒂夫·乔布斯来说这是显而易见的，他是无可争辩的创业奇才，独一无二，无可取代。2006 年，他在斯坦福大学做过一次极为著名的演讲，题为《在死之前如何活》，在这场演讲中他指出死亡之前的人生不再是不言而喻的：

你们的时间有限，所以不要将其浪费在重复他人的生活上。不要被教条束缚，盲从教条就是活在别人的思考结果里。不要让别人的意见淹没了你内心的声音。最重要的是，勇敢地追随你自己的内心和直觉。它们在某种程度上已经知道了你真正想要成为什么样的人，其他一切都是次要的。

多么响亮的一记耳光啊！乔布斯叫大学毕业生们去做的正好跟他们每天做的相反。别人的认可？忘了这个吧！不要让别人的意见淹没了你内心的声音！勇敢地追随你自己的内心和直觉……

现代化的学校在确定我们命运、我们特性的过程中抹杀了我们的内心和直觉，我们没有从中获益。我们让某种外在的东西定义我们，而这一神圣的特权只能属于我们自己的内心。让外界来定义我们，这是一种缓慢而可憎的束缚，一种暗中的奴役，奴隶们最终会屈从于这种奴役。我在工作当中学到了一种智慧：不要让除自己之外的任何人来定义你是谁。了解你自己是你在生活中最无可推卸的义务。一旦忽视了这一点，你就不再是一个自由的人。同样，一旦让其他人来定义你，你就不再是自由的了。

在打分生活中，必须符合模具。在真实生活中，如果这么做，你就完了（从皮埃尔·哈比的意义上说）。你被禁锢在一个又一个箱子里，从摇篮到坟墓，从幼儿活动的围栏一直到棺材。因为这个乍一看不好不坏的幼儿活动的围栏，我们其实从未离开过，我们还创造了其他一些围栏，思维的、政治的，我们向其出让自己的自由。我们沉迷于一系列具有现代特色的囚禁，最终接受了某位政客公然向我们宣称的："安全，这是首要的自由。"

为什么要反驳呢？如果我们认为思维活动就该如此。但在晚期智人存在的前150多万年的时间里，自由是排在安全前面的。自由是人类一切创造之母，包括安全，反过来则不然。

在打分生活中，你必须安分守己，只是为了"值得注意""可被估价"。

在真实生活中，如果你始终安分守己，那么你的人生是失败的，因为你始终被囚禁着。有一天一位广告人说：如果一个人在 50 岁的时候还没有某种手表，那他就蹉跎了人生。画家布勒回答道：如果您在 50 岁的时候还梦想着这种手表，那么蹉跎人生的也许是您。

我想说的是，如果你一生都安分守己，那么你没有真正生活过。你的生活被占领了，就像是一个国家遭到占领，占领者名叫服从，你因为恐惧而臣服于它。失去自己的位置是人最强烈的恐惧之一，有多少神经心理学实验都证明了这一点。这种在心里滋生的恐惧迫使我们安分守己，无论付出什么样的代价，尤其是良心的代价。战争以及屠杀足以说明这个问题。

在打分生活中，独立自主遭到极力劝阻。在法国学校，课程不由自己选择，教学大纲是国家规定的，正如学习进度一样。而那些"大纲之外"的东西，最好不要过早触碰。在真实生活中，相反，独立自主是通向自由的唯一道路，必须自己思考，揭露荒谬，无论是哪位权威说的荒唐话或做的荒唐事。

在打分生活散播的所有谎言中，危害最大的当属下面这个：对于那些重要的事情，成败是个人的，而对于那些无关紧要的事情，成败是集体的。这绝对是谎言。从猎杀猛犸象到修建金字塔再到诺曼底登陆，改变世界的一切都是集体的成功或者失败。相反，个人的成功或失败并不改变世界，这是真的。

这本书的读者中有谁保留着自己的学校作文呢？这样做过的几个浪漫派作家承认这些作文几乎没有改变世界。作文是很个人化的东西，但在学校，每一个这种个人化的分数都变成一个重要的系数。但是，这种经过设计的个人劳动根本不能成为什么有重要影响的系数，这是一个集体性的骗局。在真实生活中，集体劳动叫合作；在学校，这叫作弊。在真实生活中，集体劳动很重要；在学校，集体劳动根本不重要。难怪被灌输这些原则的人无法在世界范围内开展合作，不论是为了保护地球还是保护人类。怎么知道如今的学校是利大于弊呢？在世界上不断犯下骇人暴行的是那些有着傲人的教育背景、对自己的个人价值确信无疑的人，这说明学业优异不能确保一个人的善良和仁慈。

在真实生活中，人类产生各种各样的思想、实践、方法、精神。在打分生活中，学校说："除了我的标准别无他途。"然而，一旦学术成果不佳，同一个学校又会说首要任务是让学生至少能够接触社会。那么，如果只教给他单打独斗，如何鼓励他走向社会呢？我相信在学校这种地方，即使社会化偶然发生了，那也是发生在操场上，而不是教室里。我甚至在想，与一个用作课间休息的操场相比，学校在社会化方面能得几分呢？迄今为止，没有任何研究证明课堂在这方面有优势。

在传统社会和土著部落中，生存等于位子，失去自己的位子让人想都不敢想，因此人们不惜一切也要保住自己的位子，相反，在我们的后现代社会中，位子并非理所当然地那么重要。所以这种需要有特定位置的文化，既是一种服从的文化，也是一种排斥的文化。因为我们的社会就是某种机器，要想在其中占据一席之地，你必须成为一个质量达标的零件。学校正是要把我们变成这样的零件。学校把一大群感情外向的、具有创造力的、天生友爱的、并不循规蹈矩的孩子变成了一个个零件。你在巴黎综合工科大学上过学，你的工资将高于一个图尔大学的毕业生，因为在工厂里，巴黎综合工科大学生产的零件比较贵。

学校是一个分出层次的沉淀池，因此它不能令所有人满意：在它的技术说明书中写着它宁愿让在其中接受教育的学生——甚至人类——失望，也不愿让作为其最终客户的工厂失望。想要改变学校，只需要意识到学校教育的目标是"人"——而不是"系统"——就足够了。纳尔逊·曼德拉曾发出呐喊：

"如果你们想改变世界，那么改变教育！"他完全正确。而这不能靠单打独斗。

用黑客思维学习：
不一样的逃学

人类生而服从，但服从的是人性。不过，与学校、经济或政治中需要去服从的规则不同，人性并非人类的创造。使一种并非人类所创造的东西——一种我们控制不了的东西——符合标准，符合一种我们所控制的但粗糙得多的人造之物的形式，这本身就不太高明。我们在二十世纪见识过此种举动，即要求大自然像工厂一样产出，尽管应该是工厂像大自然一样进行生产。

让人性服从于社会规则，而且是强迫服从，这让我想起一则鹰与老妇人的寓言：一只筋疲力尽的老鹰跌落在一位老妇人脚边，这位老妇以前只见过鸽子，以至于鸽子是她唯一熟悉的鸟类。她满心怜悯地拾起鹰，对它说："你可真不像一只鸟啊。"于是她截短了它的喙，给它修剪了爪子，又把它的翅膀变成圆形，然后让它摇摇晃晃地飞起来："去吧，现在你才像一只鸟。"

事关雕琢大脑时，只有善意是不够的，重要的是智慧。寓言中的那只假鸽子，它没打算做一只鸽子，而尽管受尽痛苦，它也不能变成一只鸽子，我们的教育体系经常出产这样的鸽子。

人性高于规则，规则作为一种人造物，只能适用于其他人造物，而不适用于人本身。被解放的人正是寓言中的老鹰，他在一个凡是不像鸽子的鸟类都遭到蔑视的国度被当作鸽子养大，但他记得自己是一只鹰。在以选拔最适应体制的鸽子为目的的一系列考试中，一只鹰可悲地失败了。应该因此而责怪那只鹰吗？

我遇到的所有"非凡之人"显然都反对这种规则。他们不愿意进入一个模具，他们自己就是模具，这是人类的天性：我们的存在不是为了符合一个印记，而是为了留下我们的印记。这些人中没有一个是安分守己的，除非是在他们为自己确定的位子上，并且只是暂时的。所有人都在如饥似渴的学习中变得独立自主。而我上过的大部分学校居然都毫不犹豫地以好奇心换取服从。正因为这样，科学的普及（其首要目标是令人感到惊奇）在法国仍然受到轻视，因为到处都是这些学校培养出的只会服从的人。

用好奇心交换服从是一桩糟糕透顶的买卖。好奇心是学习和发现的动力。用好奇心交换考试，就像用发动机交换车身。保罗·卢加里用一句话总结了这个问题：一位消沉的诺贝尔奖得主还不如一名狂热的新手。有多少学生带着满腔激情走进学校去学习本领，离开时只带着一点点本领，激情却已荡然无存？然而，是激情促使人们去学习本领，而不是反过来。

可以看到，专家，"非凡之人"，始终在自己的专业领域刻意地训练自己。他们独自开展工作，基于一种与学校提供的完全相反的动力。泰勒·威尔逊（生于1994年）就是这种人，14岁时，他在自家车库里用自己制造的"核融体"实现了一次氘-氘核聚变。18岁时，他被贝拉克·奥巴马准许作为专业人员进入内华达的一个研究所（在法国这种事绝不可能）。同年他获得了专门为说服年轻人才弃学创业设立的泰尔奖学金。这大概是首个为鼓励学生离开学校而不是留在学校设立的奖学金。

杰克·安德拉卡（生于1997年）发明了一种快速检测胰腺癌的新型试纸。埃丝特·奥卡德（生于2005年）10岁时就进入了开放大学[1]，攻读数

---

[1] 开放大学（Open University），英国的一所公立远程教育大学，成立于1969年。

学学士学位。16 岁时，格雷丝·布什结束了高中生涯并获得了法学学士学位，她还辅修了西班牙语（南佛罗里达大学）。在法国，阿图尔·拉米昂德利索阿（生于 1978 年）是法国最年轻的学士。他 12 岁之前从没接受过正规教育！因此他的自传名叫《我的逃学生涯》。法国有没有参考拉米昂德利索阿的经历来改革学校教育呢？当然没有，这入不了它的那些箱子。

以罗根·拉普兰特为例，他的 TEDx 演讲《用黑客思维学习令我感到开心》（Hackschooling makes me happy）已经传遍全世界。用黑客思维学习指的是"课外学校 2.0"，包括新技术和网络。拉普兰特 13 岁时做的一次演讲如今有 900 万人看过。他对美国而言就像是拉米昂德利索阿之于法国，在 TEDx 演讲中还可以看到许许多多像他那样的奇才，例如凯特·西蒙兹或汤马士·苏亚雷兹。这些人让我觉得我们的力量远比想象中大得多，只要我们爱上知识，爱上一种足以激发我们有意地、积极地并且富有创造力地进行实践的活动。因为没有热爱就不会卓越。学校不会（也从来没有）垄断卓越。

系统地在家接受教育需要被设计出来，拉普兰特在阐述这个概念时提出：在家上学，没有分数。事实上，哪个父母会给子女打分呢？（人们让别人给自己的子女打分是为了不亲自负责他们的教育，就是这样。）也没有大纲，以至于人们想要了解什么就去探究什么，让自己的欲望越来越强烈而不是被熄灭。因为"儿童不是等着被装满的壶，而是需要被点燃的火[1]"，这是被现在的学校彻底遗忘的至理名言。我们不再需要储备式教育了，我们需要的是流动式教育，应该关注的是学习的动力，而不是知识的储备。必须让我们的孩子渴求知识。而他们天生如此。

---

[1] 蒙田，《随笔》。

要想在全世界实现用黑客思维学习，我认为没有比"试错"更好的方法。必须围绕心理学家斯坦尼斯拉斯·德阿纳所说的"学习的四个支柱[1]"，尝试新的教学实践：

——专心；

——积极参与；

——反馈；

——巩固。

我们将看到，基于这四个要素，电子游戏展现出其在神经工效学方面的优胜之处：

——它们吸引并引导注意力；

——它们让人积极参与，刻意练习；

——它们用奖惩鼓励试错，但不会让人害怕和窘迫，尽管它们比学校更多、更频繁、更夸张地打分；

——它们用逐渐强化的任务来巩固游戏技能。

在知识爆炸的世界里，任何觉得自己高高在上、拒绝从这些游戏中汲取经验的学校注定会衰落。用黑客思维学习的理念，就是将这种硅谷车库文化——fab lab[2]文化——融入学校教育。跨国公司能够在仓库中重建一整个超级市场来研究购买行为并革新其产品出售方式；苹果或星巴克在大型飞机仓库中设有试点商店，专用于使用体验的创新。如果我们囿于教条不去找寻最合适的改革方法，那么学校教育永远不会改变。

这些未来的 fab schools 应该建得像试点学校一样，在这里人们实验新的

---

[1]　德阿纳，《学习的重要原则》。

[2]　即 fabrication laboratory，"微观装配实验室"。

教育方法，教师有绝对的自由，每一步都有相应的维基词条供教师们分享自己的个人方法，直到找出最有效的方法。这就是基于直接经验的"循证教育"，与只能引发 P 值[1]作假的被阉割的教育刚好相反。在一个相互联结的、横向的、丰富的和不断变化的世界里，我们的教育依然是等级化的、垂直的、教条的和一成不变的，正因为如此，教育越来越无法适应世界的需要。人们还没意识到，最大的风险就是不冒任何风险。

纳西姆·尼古拉斯·塔勒布认为，"官僚制度的作用，就是尽可能拉大风险的制造者和承受者之间的距离"。而国民教育系统就是这样组建的："如果教学失败，谁来负责呢？部长，学区区长，改革计划，督查，校长，教师？唯一可能承担罪责的只剩下：学生……"要想有所进展，最好的方式是让决策人直接接触决定后果，而部长级官员绝不可能接触到。我们必须认清谁才是最有决策权的：教师们直接与学生接触，他们最有能力也最有责任实施教学实验、革新教学方法。对于教育实践与创新，人们能依赖的只有教师。

"非凡之人"学校

我去过许多学校，打分的或不打分的，这些学校多少有些出乎我意料。其中一所学校几乎是传媒的世界，由于我接受的法国传统精英教育本能地排斥媒体曝光，我对这个学校有诸多偏见。先前我跟所有人一样，倾向于自己的阶层，理所当然地认为我们这个阶层的观点比其他阶层有理。而当我遇到

---

[1] "数据挖掘"是学术界数据崇拜的一个典型症状，而数据挖掘中 p 值的统计作假是一个被大量研究的例子。

法兰西学院副教授、古人类学家帕斯卡尔·匹克时，我的态度发生了转变，不再执着于某个阶层的观点。此人在媒体上饱受非议，而他之所以频繁出现在媒体上是因为他在普及科学方面的杰出表现。我立刻就觉得与他意气相投。在法国，人们不说"普及"，而是说"使之庸俗化"。一切由此而来。普及，是庸俗的，有损清誉。

虽然这让人吃惊，但我确实常常见到一些自诩严谨和逻辑性强的人基于某种自己也没有仔细思考过的信念或迷信行事。例如，文献计量学和杂志先验地有助于提高科学水平就是一种从未被科学论证过的观点。这是不可辩驳的伪科学，但并不妨碍大多数大学教员盲目臣服于它，并在自己的简历中提及这点。

实际上，我们的科学只是极小的一拃——这不是评判而是观察。如今距离地球最远的人造物体也只是刚刚能到太阳系之外。即使是以光为信号，我们的科学能够对宇宙产生的实际影响最多也只有 20 万光年的范围（事实上，更确切地说是 200 光年），而可观测的宇宙的半径约为 470 亿光年。大体上，假设最初的人向天空发出了一个光信号，那么我们对可观测的宇宙的影响范围最多为宇宙体积的 0.0000000000000077%（小数点后面有 14 个零）——当然这是在假定不存在平行宇宙的情况下。基于这种情况，为推进人类的科学进步做出的哪怕最微不足道的努力也应该立刻受到鼓励，任何科学或技术都不应再表现得狂妄自大。从事基础研究的科研人员和科学普及者，我不知道谁为科学做的贡献更多，因为我从未见过关于这个问题的科学论证。不管人们承认与否，激起千千万万人及其子孙后代的科学兴趣的人发挥着巨大作用。科学即真实，不需要人们的自我、他们的本能反应、他们的伪宗教或者他们的轻蔑，人类的科学太不发达了，所以除了对科学的推广普及，不该有以上那些幼稚肤浅的举动。而科学技术在物质世界中所受的局限正是来自人类的自我。

2014年，我受邀作为科学专家参加一个娱乐节目，其制作公司恩德莫被某些同事认为是魔鬼的化身。该节目叫《非凡之人》，主持人是克里斯托夫·德沙瓦纳和马林·洛尔弗兰，这是一档风靡世界的综艺节目授权在法国播出的版本，那档节目就是已经在美国、意大利、德国和中国均大获成功的《最强大脑》。在这四个国家，没有哪个作为嘉宾的专家认为参加节目有损名誉，而我呢，我不得不在《赫芬顿邮报》的网站上发表文章解释我为什么参加这档节目。我在文章中写道，四百万人因为这档节目一下子就认识了"情节记忆""内嗅皮层""顶内沟"和"海马回"，在我看来这证明了该电视节目的必要性。而我同时体会到，对某些法国学术界的人来说，如果你为了吸引观众做出某种妥协，那么这种科普就会招致非议。这是我从"非凡之人"学校学到的一课。

另一课是管理方面的：因为教过管理学，我知道运作一个公司不是一件容易的事。这一次我能够从内部观察恩德莫法国公司是如何运作的。土耳其裔德国企业家阿尔普·阿尔金有一天对我说："自我，是企业价值的第一杀手。"我在工作室和办公室观察到的，是一种让这些在社交网络上拥有数十万粉丝的名人的自我平静下来的非凡能力。在外面，人们想象着这些人坐在摆着红木家具的宽敞办公室里，身上缀满表现明星任性特点的闪光亮片，结果他们在奥贝维里埃一个毫无特色的办公室的休息区，有时还有实习生坐在那里。

"非凡之人"学校给我们上的另一课是：打破你成规定型的观念，让现实进去，而不是打破现实，让你成规定型的观念进去。

如果你是一名从神经科学的角度研究奇才和记忆竞技者的专家，你需要花费很多时间来寻找真正罕见的研究对象——最好的实验室每年能找到 2～5 个研究对象。节目组具有从专业角度选人的绝对优势，一年之内就为我提供了超过 25 个研究对象。当对这些行家进行研究时，我常常根据训练时数对他们的经验丰富程度进行归类。例如，5 个小时的训练以达到他们的水平（5 乘以 10^0），50 个小时，500 个小时，5000 个小时，50 000 个小时（5 乘以 10^4）。这清楚地说明了一项任务的困难程度，可以说是在其专长领域需要的活动范围。在"非凡之人"的选拔中，没有低于 50 个小时就能获得的专长，但有趣的是，某些人能以相对较低的代价达到自己的目标。

　　这个节目的广告语是"从普通的法国人到非凡之人"，确实如此。人们常常对"非凡之人"有错误的看法，以为他们是带着某种特殊才能降临这个世界的，但对他们研究得越多，人们越是倾向于认为他们并非生来就具备智力竞技的才能，而是在成长过程中愿意发展这一才能。对他们来说，这常常是一种执念，是某种怪诞的、令人感到满足的东西。在他们的生活中有一种动力，使他们可以花费几千个小时进行训练，并且训练时注意力高度集中。当你在某件事情上刻意练习达到 50 000 个小时的时候，你就能成为一名了不起的专家，人类的瑰宝。

刻意练习

　　在大众传媒上展示这些"非凡之人"的智力表现，其好处是向所有人说明一个精心训练的大脑具有怎样的潜力。大脑训练的障碍之一是"认为这不可能"。我们的大脑就像一颗能够被打磨的钻石。所有人都能这么做，我们全都能成为"非凡之人"。将"非凡之人"与"普通人"区分开来的是刻意练习，刻意练习的最大动力当然是热爱。只有热爱你的任务，你才会像 2015

年节目中的选手瓦伦汀那样去做：把时间花在 250 张法国城市的卫星图像上，仅仅根据一张覆盖 0.5 平方公里的航拍图像就能认出这是哪座城市。我们的大脑擅长辨认形状，瓦伦汀正是利用了这一特征来赢得挑战，不过，为了帮助记忆，他应该还给每张图像赋予了一个含义，或许是一个故事。

叙事是记忆竞技者们熟悉的一个方法。记忆大师乔舒亚·弗尔就此写过一本书，《与爱因斯坦月球漫步：三步唤醒你的惊人记忆力》，可与之相提并论的是在"记忆学"方面什么都懂一点的法国人让-伊夫·蓬斯的书，该书像教学一样解释了如何大幅提高自己的记忆力。让-伊夫·蓬斯那本书的书名，《拿破仑在一辆公共汽车上吹风笛》，是为了帮助记忆在对一串数字进行编码后形成的一句话。通过把编码转化为语言，可以方便地将该编码引向大脑其他更擅长记忆的功能，尤其是我们擅长长期记忆的功能。

"人-行动-物体（PAO，Person-Action-Object）"法源于这一原理。例如，如果要记住 24B1551A1375 这个代码，你只要记住一句话就够了。这更符合人类工效学，因为这句话更容易输送进我们的大脑："Jack Bauer boit une grande bouteille de Pastis à Marseille avec un Parisien（杰克·鲍尔在马赛跟一个巴黎人一起喝了一大瓶茴香酒。）"：

　　—— Jack Bauer 是系列片《24 小时》的主角，24 由此而来；

　　—— 动词"boit"以字母 B 开头；

　　—— 一个标准的葡萄酒瓶的容积是 1.5 升；

　　—— 人们喝"51 茴香酒"；

　　—— "à"指 A；

　　—— 马赛省的编号是 13；

　　—— 巴黎的编号是 75。

这样一来就重新定义了这个代码：24B1551A1375。

代码和数字之所以难记，是因为它们没有被"物化"，也就是说"具体化"，13 这个数字本身毫无意义，但这是法国一条高速公路的编号，如果你常走这条路的话，就很容易把这个抽象数字与这条高速公路联系起来。正是如此，给思维对象装上把手，我们便能在思维活动中更好地把握它们。记忆竞技者训练自己，使这样的联想系统化，让一个代码对他们来说总是意味着什么。当他们达到一个高水平时，比如让-伊夫·蓬斯，这就变成了第二天性。蓬斯刻苦而专注地进行训练，时间超过 5 000 个小时，更接近 50 000 个小时。不过，训练 50 个小时以上就会取得成果，因为实际上，将这种联想变成第二天性就相当于学习一门新的语言，这是一门简单的语言，词汇有限，语法由人们自己创建。

在该电视节目的另一场挑战中，一名挑战者要记住一串"新婚者"——穿黑色衣服的男人和穿白色衣服的女人，但不用记住他们的脸。因此，简而言之，这个挑战就是记住信息"位"：0 或 1，如果三个三个地记就相当容易了。一组 3 个二进位数字有 8 种排列的可能性，我们可以将这 8 种可能性标记为 ABCDEFGH。因此，为了记住任何一串 50 人代码（所依据的唯一标准是他们是男人或女人），只需记住 2 组 8 个字母的代码（涵盖 48 个人）再加上额外的 2 个数字就足够了。同样，经过 50 个小时的刻苦训练，无论谁都能完成这类挑战，将一串穿黑衣或白衣的人变成一个用来帮助记忆的句子。

卢特菲、让-伊夫和朱莉要完成的挑战更难。卢特菲要在不到两个小时的时间里记住大约一百张脸以及他们的名字和出生日期。他大量使用了"PAO 法"。

例如，"1988"让他想起一种性玩具。为什么选择这样一个物品呢？过火的东西或与性有关的东西总是更令人难忘。如果一个数字或代码不是自然而然地让人想起什么（13= 高速公路），那最好将它与某种粗俗、血腥或仅仅是不寻常的东西联系在一起。正如巴顿将军说的："当我希望我的人记住一项命令，并且希望这项命令令人十分难忘时，我会用加倍肮脏的语言给他们下达命令。不说下流话是带不了兵的，但应该是令人信服的下流话。"如果一个人有着方形的下巴，并且姓唐，卢特菲就把"唐"简化为"坦克"[1]，某种庞然大物，就像她的下巴一样。如果她生于 1988 年 4 月 20 日，他就让她驾驶坦克，一只手拿着鱼（4 月）酱白葡萄酒（20），另一只手拿着一个性玩具。这是一个古老的技巧：重听的人和印第安人也常常用性格或身体的某项特征给一个人命名。

给思维对象装上把手

方法就是给事物一个突出的部分（把手），以便更好地把握它。卢特菲还玩跑酷，因此这种方法就更有意思了，跑酷就是以法律允许的一切物体为支撑，尽可能地在城市里快速移动。在跑酷运动中，身体在大部分人会认为难以通行的光滑表面为自己找到支撑点。默记遵循相同的原理。有一些内容似乎很光滑，对我们中的大部分人来说在思维上难以通行，但有了一些经验后就能在其中找到有效的支撑点。一张照片的线条、一只鼻子或一条眉毛的朝向能够给我们的思维提供足够的支撑以便构思一个可以记住的故事。

联想记忆提醒我们，大脑同时记住 A 和 B 比只记住 A 要容易得多。要记住分别从《蒙娜丽莎的微笑》中抽取的 40 个因素令人厌倦，正如从一副

---

[1] 唐（Tang）与坦克（Tank）相近。

拼图中拆出来的很多块拼图方片一样。但记住整张画就容易多了。同样，记住一句有意义的话比记住一连串毫无意义的单词容易。同样，一首歌如果有令人难忘的旋律和曲调，其歌词则比没有旋律时好记得多。大脑喜欢给事物装上把手。这是神经工效学的基础之一。

因此，让-伊夫·蓬斯能记住 50 个指纹（他还能记住更多）连同指纹拥有者的姓名和出生日期。至于朱莉，她记住了 31 张密密麻麻的照片，每张照片上都是一条白花狗的皮毛，随后她能把这些照片与拍摄对象联系起来。值得注意的是朱莉讲韩语。然而，对某个不掌握这门语言的人来说，特征将难以识别，另一方面，对讲汉语的人来说会更容易。如果一个成年中国人能记住超过 5 万个汉字（对欧洲人来说这些汉字跟照片上白花狗的斑点一样难以辨别），当然这 31 条白花狗的挑战就是可以完成的，只要把白花狗的斑点看作一种语言的符号就可以了。

这里的想法是自创一种假语言，在该语言中，每个斑点是一个字母、一个单词或一个文字，它们醒目地出现在狗的皮毛上，就像是狗佩戴着的一块号码布。

当然，对高水平的默记而言，这不过是"记忆的艺术"，人文主义者乔尔达诺·布鲁诺大量并有效地运用了这一技巧。基础方法之一是内容的空间化。运用这一技巧可以记住整本书，不论是戏剧演员（与情感记忆和文本吟诵相结合）还是西塞罗，都是这么做的——当时的西塞罗正是这样记住一段辩护词的。还有古代的隐修士们，他们能熟记《律法书》《圣经》或《古兰经》。这种被称作"记忆宫殿"的方法此后为所有的默记竞技者所使用，"首先……其次"这样的表述大概来源于此，因为确定一篇演说的内容在思想宫殿中的位置也要依靠这种方法。由于古时候一个人在其一生的大部分时间里，记忆都是靠口头传递的，古人在默记上应该掌握了某些神经工效学方面的知识。

纳尔逊·德利斯在该节目的法语版[1]中完成的挑战是记住 10 个混合了字母与数字的代码（例如 24B1551A1375）。在屏幕上，他犯了几个小错误，这很容易理解：节目的规则是由嘉宾们提供代码。他们先是开玩笑，给了他一些过于简单的代码让他记住，比如他们的电话号码。十分专业的德利斯开始将这些代码放置在他的记忆宫殿中，随后节目组严肃起来，要求他正式开始挑战，这次是一些更复杂的代码。然而，当他拿到新代码后，他将代码放入他记忆宫殿里最好的位置，可那些位置还受到第一批数字的干扰，这使得他无法圆满完成新的挑战。

在法语版的第一期节目中，观众对一个简单很多但饶有趣味的比赛项目尤其印象深刻，这个项目叫"幻方"。比赛者拿到一个三位数的数字，他必须把这个数字分解成所需数量的数字，用于填充一个棋盘的所有方格，使这个棋盘每一行和每一列的数字之和都等于最初的数字。为了使这个比赛项目更复杂，选手只能按照一个随意移动的马的走法将数字放在棋盘上。当然，他是背对着棋盘的，他必须在心里布局。

测试要按照类似这样的说明来进行："B3: 71, C5: 61, D7: 45"。在节目中，要分解的数字是 547。

事实上，这项比赛比表面上看上去的简单多了。首先，必须记住马走的环形路线，也就是回到起点的路线。这项比赛的参赛者拉斐尔很幸运，他记住了在这档节目的德国版中使用过的路线。

随后，只需在心里记住已经针对另一个数字（假定是 300）填充过的棋盘，而且我们知道任何大于 7 的数字都有不为 0 的边。如果比赛中要分解的数字是 308，只要在每个方格中填的数字基础上加 1 就行了；如果是 380，给每

---

[1] 他有双重国籍，在美国也参加了比赛。

个格子的数字加 10，如果要增加的数字小于 8，只要将这个数字加到组成棋盘对角线的那些格子里就行了。

最后，无论节目中要分解的数字是什么，比赛者都可以通过加减，将其引向他在心里已经记住的棋盘。拉斐尔就是这么做的。

这个小故事在神经工效学方面值得注意之处是参赛者的迅速，这证明了一种"n-西格玛[1]"式的训练。如果说拉斐尔擅长记住棋盘（正如他记住一张乘法表一样），以及随后的快速实施，这多亏了毫不松懈的刻苦训练——尽管记住 64 个"B3:71"式的句子与记住一张法语的乘法表区别不太大，更多地依赖于乐感和强记而非心算。从他的例子不难看出这样一个规律：热情减少了每数千次内犯错的次数（对最优秀的人来说，也许是每数百万次），像空客或特斯拉那样的企业简单地称之为"卓越"。

如果说能在舞台上——考虑到压力以及不可预料的情绪因素——以较低的失败概率完成拉斐尔的比赛项目，那么在我看来，绝大多数人在 Micmaths[2] 上训练 5 个小时之后，他们就能够在 5 到 50 个小时的时间里成功地完成该项目。

在第一期节目中，西尔万真正做到了卓越，就舞台上可以接受的成功概率而言，我会把这个项目的专业练习时间定在 500 到 5000 个小时之间。而我与他交流后得知，充满激情的风景画家西尔万事实上花费了 25 000 到 50 000 个小时的时间毫不松懈地进行训练，以积累立体画经验（相当于大约 17 年的时间里每周 5 天每天 8 个小时的专业经验）。这些画有点区别，一张红，一张蓝，戴上专门的眼镜后就能看见 3D 效果的画。

西尔万站在两面巨大的墙壁前，每面墙壁上都有一个 40 × 40 的魔方阵，

---

[1]　n-sigma，指每百万次机会中犯错的次数。

[2]　迈克尔·洛奈在 YouTube 视频平台上的个人频道。

魔方哪面朝前是随机决定的。人们在其中一面墙上 1600 个魔方中的一个魔方上面改变一个颜色点（每个魔方呈现出 9 个点，即总共有 14 400 个颜色点），西尔万在几分钟的时间里就能说出是哪一个。

他的方法是斜视，目的是将两个图像准确地重叠在一起。于是，不一致的点就像浮雕一样跃入他的眼帘（大致可以这么说）。在心理学上，西尔万的技巧被称为"有意注意"。有意注意指的是我们的大脑突出事物的能力，比如，一名训练有素的乐队指挥能够马上指出哪个音符高了半个音。人们也把这称作"鸡尾酒会效应"：在一个鸡尾酒会上，我们的大脑完全能够做到在嘈杂的人群中只听某些人的交谈，即使那些人离我们并没有那么近。在 14 400 个像素中察觉一个被改变的像素，就借助了类似的原理。

我曾有幸跟滑雪冠军埃德加·格罗斯皮龙一起做讲座，并对他的专长做了同样的分析。作为一名优秀的运动员，他每年进行几百个小时的训练（在他的一生中练习转弯上百万次），这一切都只是为了几分钟的比赛（一年最多 6 次速滑）。然而，在比赛日，他不仅要完成一次精彩的速滑，还要以每几千次（或几百万次）非常低的犯错率完成。为此，他声称自己在加快学习步伐方面下功夫：我的对手在技术上领先，而我们每年完成的转弯数相同；如果他每转 100 个弯会有进步，我每转 60 个弯就有进步，那么我将超过他。

这在 1992 年的阿尔贝维尔奥运会上发生了，他赢得了自由式滑雪雪上技巧项目的金牌。

简而言之，我们都能出类拔萃，但卓越，不论是在特定纪录方面还是在竞赛所需的绝对可靠性方面，没有激情是达不到的。数千次地重复一个身体或思维动作，为了一项在其他人看来是苦差事的任务花费几千个小时进行训练，这都是因为热爱。我不知道有哪个出类拔萃的人不热爱他所擅长的领域。

后天学者综合征：抑制与突出

我跟艾伦·斯奈德[1]以及其他一些人一样，认为每个人身上都潜藏着"高深的"技能，每个人身上都有一个莫扎特或者尼古拉·特斯拉，要尝试的不是达到这些奇才的卓越程度，而是解放我们的大脑。尽管这似乎与直觉相反，但这正是非常罕见的后天学者综合征所揭示的。有这种综合征的人由于病变，突然发现自己拥有了令人惊讶的智力和实用技能，例如在从未练习过的情况下演奏一种乐器，或者形象地表现错综复杂的数学曲线，轻松得令人困惑。这一切的发生就好像我们的大脑以前从里面锁上了，抑制了其非凡的能力，而现在我们能够解除对它的约束。事实上，我们并未完全使用它。

几个后天学者综合征的例子：整形外科医生安东尼·奇科里亚1994年在一个电话亭里遭到雷击，一个在电话亭外等着打电话的女护士唤醒了他。受伤后，他发现自己痴迷于钢琴，他自学钢琴，直至能够把自己脑海中挥之不去的乐曲谱写出来，包括动人的《闪电奏鸣曲》。经历两次动脉瘤破裂后幸存下来的汤米·麦克休突然有了抑制不住的写写画画的欲望，他每天花18个小时左右的时间进行刻苦练习，全年无休，就在他出现脑血管症状之后。奥兰多·瑟雷尔在一场棒球比赛中被伤到左边的脑袋，在这之后，他突然发现自己能够准确地说出最近100年里的任何一天是星期几，而那次受伤给他带来的明显后果就是头疼了几天。他对这一奇迹的描述是"答案直接就出现在他眼前"。神经科医生布鲁斯·米勒在他的著作中提到了类似的病例，在这些病例中，一些年纪相当大的病人患上额颞痴呆后，发现自己拥有了高超

---

[1] 斯奈德，《解释和诱导高深的技能：优先获取较低水平的、较少处理的信息》。

的艺术才能[1]。

斯奈德关于后天学者的理论相当明确：

我的推测是"学者"们拥有特殊渠道来获得较低水平、较少变化的信息，随后这些信息被集合到整体概念中，并被打上有意义的标签。由于下行抑制的失灵，学者们能够获取这一存在于任何大脑、但通常只在有意识的感知下才会察觉到的信息。这让人想起为什么学者的能力能够自行出现在普通人身上，为什么穿过头盖骨的低频电磁刺激有可能人为地诱发这些能力。

根据斯奈德的观点，人们能够"诱发"学者综合征，这样一种神经科技的引入最终将改变人类。在智力的发展中存在两股强大的力量：抑制和刺激。像奥利维耶·乌德那样的研究人员有理由认为"成长，就是学会抑制"。对于"成年奶牛喝什么"这个问题，我们的大脑一定会抑制"牛奶"这个本身与"奶牛"有关的答案。儿童中的智力发展似乎源于同样的机制。相反，后天学者现象与解除抑制相似。

这就是说在我们的大脑中抑制与刺激神经元群之间存在持久的妥协：我们的大脑想要抑制没有正确答案的网络并放大有正确答案的网络，要学习的就是如何区分这两类网络。如果我们提前知道一个网络是错的，另一个网络是对的，我们就能通过刺激抑制错的网络，增强对的网络，由此加快学习进度，甚至"诱发"天才。

每次我们听到有人弹钢琴时，很有可能我们大脑中的 860 亿个神经元中的一个准确地知道如何重新演奏它刚刚听到的琴声。莫扎特经年累月的训练

---

[1] 米勒，卡明斯，米什金等，《前额太阳穴性痴呆中艺术才能的出现》。

也许无助于让神经元学会钢琴，但有助于让合适的神经元在众多神经元中更好地突出。用数学语言说，在我们的大脑中可能有 860 亿个神经元。当然，我们的颅腔没有足够的容量来用白质束将所有可能的神经元连接起来（白质是大家最为熟悉的连接神经元的导线）。但人们可以梦想，有一天，神经元可以无线连接……

不管怎样，现在一些研究人员正在认真考虑人类大脑进行量子计算的可能性，然而当物理学家罗杰·彭罗斯在 20 世纪 80 年代末为之辩护时，这种可能性还被看作笑谈。我本人在《观点》周刊[1]的一篇文章中提到过已有研究人员在进行这方面的研究，为此我遭到一小撮迟钝的科学家的指责，尽管我提到的研究已经在别处发表了[2]。社会上任何我们会记得的革命性改变都会被分为三个阶段：可笑、危险、明显。如果说有一件事是大脑所不喜欢的，那就是打扰它的舒适区。

对我来说，在后天学者综合征的案例中，是额叶皮层突然开始让以前没有发言权的神经元讲话了。某些药物——例如 LSD[3]——也可以人为地让我们进入这种状态。在 LSD 引发幻觉的情况下，平时处在额叶皮层控制下的感觉脑区的自发活动此时会开辟一条进入我们意识的通路。如果我们懂得给正确的神经元——与实现特定任务有关的神经元——以发言权，我们就能在未来的某一天把知识"印"在大脑里，就像 3D 打印机一样。

---

[1]　《观点》周刊（*Le Point*），法国一家政治和新闻周刊杂志，1972 年创刊。

[2]　黑根，哈默洛夫和图申斯基，《脑微管里的量子计算：退相干生物可行性》；哈默洛夫，《意识、神经生物学和量子力学：连接的理由》；利特，伊莱亚史密斯，克龙等，《大脑是一台量子计算机吗？》；达罗查，马萨德和佩雷拉，《大脑：量子计算的模糊算法》。

[3]　D- 麦用酸二乙胺（Lysergic acid diethy lamide），一种强烈的半人工致幻剂。常简称"LSD"。

正如斯奈德为重现后天学者综合征所说，"赋予发言权"是经颅直流电刺激——大体上是用一块 6 伏的电池给目标部位的组织提供电流——或者磁流刺激可以做到的。事实上，为了做到这一点，必须抑制抑制行为，给正确的神经元腾出位置。这样一来我们就能以飞快的速度学习，开辟一个与文字和印刷时代同样辉煌的时代。

现代神经工效学之父拉贾·帕拉苏拉曼证明了有可能用直流电对大脑进行刺激以加快学习进程，这是一个已经证实并日渐被加强的结论。

是的，成长，就是学习抑制，但也是相应地学习解除抑制：这两种趋势在大脑中保持着平衡，打破这种平衡既有可能造就天才，也有可能造就疯子。也正因如此，天才和疯子有时仅有一线之隔。

增强学习实验

通过对大脑进行电流刺激来增强神经认知是一个相对古老的观点。事实上，在古籍中可以找到使用电鳗的记载：人们会把电鳗放在癫痫病人的额头[1]。帕拉苏拉曼为证明神经刺激的好处开展了大量实验。例如，当我们在一项任务中被打断时，可以通过经颅直流电刺激（tDCS）来缩短重新投入这项工作所需的时间[2]。帕拉苏拉曼及其团队在对 tDCS 的研究中已经发现了 tDCS 能提高注意力、增强短期记忆、巩固睡眠后记忆[3]、提高多

[1] 邱吉尔，《药学杂志：药学和相关科学每周记录》；芬格和皮科利诺，《电鳗令人震惊的历史：从古代到现代神经生理学的诞生》。

[2] 布隆伯格，福鲁吉，帕拉苏拉曼等，《用无创脑刺激来减少中断的破坏效应》。

[3] 帕拉苏拉曼和麦金利，《利用无创脑刺激来促进学习和提高人的能力》。

重任务处理能力[1]、增强感觉敏感性[2]或者学习能力和警惕性的证据[3]。

因此，可以人为帮助大脑在众多神经元中找到内行的神经元的想法已不再遥远。另一个同样激动人心的消息是无创人体增强技术的发明。外骨骼已经让人们能够举起远超奥运会纪录的重量，这有点像蚂蚁长距离搬运比它们自身更重的物品。经颅刺激之于大脑堪比外骨骼之于身体：帮助增强某些神经元的功能。该技术的影响可能是巨大的。在特定的知识基础上，人们能够大大增强学习能力和记忆力，建造真正的"知识高速公路"。

可以用一句话总结最近研究人员在一个飞行模拟器上成功完成的增强学习实验："将知识直接下载到人的大脑中"。该表述令某些科学家不满，他们认为这一实验的成果被高估了，但他们也不得不承认在实验期间，信息确实通过一台机器被输入大脑，该机器有助于大脑进行学习。

2011年，柴田和久及其布朗大学的同事们通过刺激实验对象的初级视觉皮层成功地加快了一个简单的学习过程[4]。这是一个令人瞩目的实验。

---

[1] 谢尔德拉普，麦金利，帕拉苏拉曼等，《根据阳极的位置和子任务，经颅直流电刺激有区别地促进认知多任务绩效》。

[2] 法尔科内，科夫曼，帕拉苏拉曼等，《经颅直流电刺激增强知觉敏感度和一项复杂的危险检测任务中的 24 小时记忆力》。

[3] 纳尔逊，麦金利，帕拉苏拉曼等，《用前额皮层经颅直流电刺激来提高操作人员的警觉性》。

[4] 柴田，渡边，佐佐木等，《在没有刺激呈现的情况下通过解码功能性磁共振成像神经反馈进行的知觉学习》。

实验对象们在屏幕上解题，研究人员通过功能性磁共振成像（fMRI）研究其视觉皮层的活动。接着，利用磁共振成像来刺激从未看过这道题的新的实验对象的皮层。结果，这些受到刺激的新的实验对象明显更快地学会了解题。人们加快了他们的学习过程。该技术此后被称为解码神经反馈（DecNef），而且对将知识"印入"大脑来说是决定性的一步。一个位于马里布的私人研究学会"HRL 实验室"，不久前通过与美国的一些大学以及洛克希德·马丁公司[1]合作，开展了一项对学习驾驶技术的研究，该研究深化了帕拉苏拉曼的工作[2]。研究员马修·菲利普斯及其团队想要知道经颅直流电刺激是否能加快在模拟器上学习着陆的过程。32 名惯用右手的飞行学员被分为三组：某些学员接受了对前额叶背外侧区皮层（在大脑中进行规划的主要区域）的超精准电流刺激；另一些学员接受了对左侧运动皮层（协调右手活动）的电流刺激；最后一些学员被戴上了一个电头盔，但没有受到任何刺激。他们在四天的学习结束后对这三组的表现进行对比，马修·菲利普斯的实验结果证实了帕拉苏拉曼的理论。

实验说明，人们能加快飞行学习过程，办法是用一块 6 伏的电池以及一台不贵（但是准确）的设备来刺激大脑，这种方法与磁共振成像相比也并不危险。当然这种方法也可以应用在钢琴、语言或数学学习方面。这有待测试。

---

[1] 美国一家航空航天制造厂商。

[2] 科夫曼，贝里斯泰特，菲利普斯等，《经颅直流电刺激改变神经元活动和驾驶培训中的学习》。

也许在未来世界，每当有人在思维或身体的某个方面突破已知极限时，他便可以将全部或部分经验传入别人的大脑，这样先驱者的经验就可以被全人类分享。这个想法可能有点可怕，会令我们大为吃惊，然而，只要被赋予意义和好好利用，这项知识配置技术将把人类带入一个友爱和高效的美好社会。每个活着的人都在创造经验，而这些经验大都遗失了，我们所拥有的用于传播他人实践经验的工具还很粗糙——书写是其中之一，但书写不再让人满意。神经元书写将是一个更加丰富的手段，可以直接传递经验和情感。我们还不太明白即使在敌人之间，人们也能获取令所有人受益的阅历和实践经验。在前线的两边，人们可以传播对方的观点，这是他们通过自己的努力获得的。

也许我不过是鼓舞了一代代技术人员的乐观主义精神的又一个傻呵呵的受害者，他们曾预测弩或无线电能够结束战争，不过，我愿意相信分享专业知识和感受能拉近人与人之间的关系。

3. 如何把白纸当作钱付给别人

英国人达伦·布朗是一位出色的表演者，擅长所谓的"心灵魔术"。心灵魔术完全依赖神经工效学、有关"工作中的"大脑的专业知识以及大脑的自由度、盲点和偏见。布朗掌握着一个有趣的技巧，该技巧足以让人一下子领会神经工效学的关键所在，那就是用白纸付钱给商贩们，而他们对此甚至毫无感觉。

人们可以阻塞我们的大脑

布朗其中一个把戏是这样的：他走进纽约的一家珠宝店，表示想看一枚白金镶钻的戒指。

——这戒指多少钱？

——5000 美元。

——好吧，我要了。我付你现金。

在珠宝商看来，情况尽在掌控中：布朗走进他的商店，轻易就被说服了。他认为这个人是他的囊中之物：心软，意志薄弱，容易受影响。交易结束了，一切正常，不存在意外，他没有丝毫怀疑。在他把戒指包起来并且开收据的时候，布朗开始问东问西，混淆他的思路：

——最近的地铁站怎么走？
——您往左转，第三条街……
——东是这边吗？
——不，东是那边。
——好吧，我一定是搞反了[1]，呃，我还是没明白。是第一条街，然后往左……

布朗用一项需要"强烈意识"的空间任务来阻碍珠宝商的思维。这不难，珠宝商经验丰富，他的大脑习惯了一边包戒指一边与人交谈，因此他的状态也并无反常。而就在这个时候，当他的显意识饱和的时候，布朗发出暗示："过去我有点害怕坐这儿的地铁，但我的朋友说：'坐吧，没问题，没问题，没问题。'我有点害怕，但一切顺利。"在珠宝商有可能把意识转向钞票的时候，在他的大脑等待批判思维对钞票进行确认以便把钱装进钱箱时，他听到："没问题，没问题，没问题。"在此情境下，这句指令对珠宝商正在执行的任务产生了影响：收下、点数、装好……它之所以影响珠宝商的行为，是因为我们的意识不能同时做两件事。

正如不存在必定杀死所有人的病毒一样，也不存在对所有人都起作用的

---

[1] 用英语的话，强烈的暗示是："I've been thinking the wrong way"。

心理技巧。因此，布朗的技巧并非每次都奏效。

在另一次尝试中，他试图用白纸付款给一个街上卖热狗的小贩，但他失败了。

——早上好，请给我一个热狗。

小贩递给他一个热狗。

——您知道最近的药店在哪里吗？
——知道，在那边。
——那个角落？
——是的，哥伦布圆环站。
——明白了，直达……呃，我头疼得厉害，您知道有什么您觉得不错（他递过去白纸）的药吗[1]？
——这是什么？

于是布朗试图把小贩搞糊涂。

——您知道我爸爸54岁了吗？
——这是什么？
——是的，您不用找零。

---

[1] 用英语表达的话更有触发效果："Do you know what's good for you to take so you can just take that and feel okay?"

——不，这到底是什么？这是白纸！

——抱歉。

小贩笑了，布朗把钱递给他。

——给。我还以为你真的会收下。

——傻瓜！

——谢谢，朋友，再见。

布朗之所以失败似乎有这几个原因，可以通过实验对这些原因进行检验：

• 他的技巧不够完善，空间导航任务也不如他交给那个珠宝商的任务复杂：他本应寻找一个更难到达的药店。

• 布朗没有使用他对珠宝商用过的暗示："啊，我搞反了"。

• 尽管是小买卖（几美元），但卖热狗的小贩更多疑：他是在街上——一个更加充满敌意的地方，需提高警惕。与珠宝商相反，他不认为自己把布朗攥在了手心里。

• 布朗的说服话语不那么有触发性，不那么坚决："没问题，没问题，没问题……"似乎比说"您知道有什么您觉得不错的……吗"更有效。

• "我头疼得厉害"不如"我一定是搞反了"有效。

布朗还有一项技巧，据他说，该技巧三次会有两次奏效[1]。这项技巧就是在大街上找一个偶遇的人并拿走他的钱包，并且是让他自己从口袋里掏出钱包。

---

[1] 他会根据自己的敏感度体验亲自挑选对象，所以其他人操作的成功概率大概要低很多。

他向桥上的一个男人走去，慢慢把手放在那人肩上，眼睛望着地面，说："抱歉……抱歉……您是否知道……呃……欢乐海滩在哪里？"

"欢乐海滩？"

那个人伸出手给他指方向。

"是那边吗？欢乐海滩？"布朗又问。

"不，还要往那边。你顺着这条街一直走，那儿，在拐角后面。"

"太好了！您不怪我问您，是吗？"他满脸笑容。

"不，不，一点儿也不！"那个男人微笑着。

"太好了，太好了！"布朗嘟囔道，"呃，您知道现在几点了吗？"

"不知道。"

"您能拿一下吗？（他把手里拿着的一瓶水递给那人）。能把您的钱包给我吗？"

那个人伸手去拿那瓶水，然后从口袋里取出自己的钱包递给布朗。

"太好了，把水瓶还给我吧。"布朗又说。

他拿回水瓶，留下了钱包。然后，在那个人正寻思发生了什么的时候，他一边打开那瓶水一边说："天真热，是吧？那好吧，顺着街往那边一直走，是吧？"

"对，就是这样。"

那人好像在寻思自己是不是忘了什么东西。

"好极了，多谢，再见。"

"再见。"

在这里也一样，技巧在于，使神经科学家所说的意识的"整个工作空间"——大脑的"中央告示牌"——饱和，目的是迫使它在缺乏批判思维的情况下机械地完成其他任务，例如交出自己的钱包。布朗是如何让对方的意识饱和的呢？正如白纸伎俩一样，他引导对方谈论一项空间任务，目的是让他分心。不过在这个案例中，他消除对方怀疑的办法是递给他一瓶水，与此同时，索要他的钱包。"您能拿一下吗"紧接着就是"能把您的钱包给我吗"，正是这种完美无瑕的时间安排、这种对反应时间的了如指掌使布朗成为一名出色的心灵魔术师。对时机的把握使他可以"撬开"对方的批判性思维，就好像用适当的器械作用于装置的薄弱之处就可以撬开门锁一样。

布朗一边把瓶子递给对方一边说"您能拿一下吗"，对方看着手里接过来的瓶子，在布朗看来这证明他的批判思维确认了这个动作。布朗刚刚为自己创造了短短的一瞬间，在这一瞬间对方丧失了"顺行性"批判思维，也就是关于即时动作的批判思维，这时，他问对方"能把您的钱包给我吗"，对方照做了，但就在这个时候，他仍可能有"逆行性"批判性思维，也就是说后验的，布朗拿回水瓶并分散对方的注意力："天真热，是吧？"就这样布朗麻痹了他的"逆行性"批判思维。

那个人走了，但他很快就折了回来，因为他的批判性思维好像有一笔"分析债"，他很快就意识到有问题。

在另外一个行动更快也更精准的例子中，布朗成功地拿到了对方的手表、手机和钥匙。在这个例子中也一样，对方很快就察觉到有什么不对劲的地方。他有这么天真或愚蠢吗？根本不是。他只是信任他的谈话对象，不认为对方有威胁性。不过，想要该技巧发挥作用，最好是选择一条人流密集的街道，喧嚣，热闹，给对方提出一个相对复杂的空间任务并且塞一件东西在他手里。

往你手里塞东西，往你大脑里塞东西，这就是布朗所做的。他往对方手里塞的是一瓶水，他往大脑里塞的是一项空间任务。你越是把你的大脑想象成一只手，就越能了解大脑的"一拃"。你知道它能或者不能同时做什么、它的自由度和它的死角。你明白人们可以调整"大脑之钥"，就如同人们可以做出关节技[1]动作一样。

如果你的两只手里都有东西，你不会让街上的某个人往你手里放一瓶水。估计他连试都不会试一下，因为你看到自己手里塞满了东西，他也看到了。大脑的拥堵则是看不见的。我们的大脑意识不到观点的运行，大脑的活动并非可自我描述的，这可以表述为数学上的包含关系："元认知 $\subset$ 认知"，读作"元认知绝对包含于认知"。

元认知，是对认知的认知，对意识的意识，元认知包含于认知（否则的话它在哪里呢），就像一切自我意识仍是意识。由于元认知必定小于认知，我们就有了一个超越我们的个人极限的绝佳方式：他人。其他人从我们所不了解的角度来看我们，以至于他们可能会在一个最终超越我们自身认识的元认知过程中让我们了解自己的行为。大体上，如果我们用"认识你自己"这一表述来取代"元认知"这个术语，我们就能判断神经工效学的人文主义潜力有多大。目前，我们还没有意识到刻板行为、假定、限制条件或者——简单地说——寄生思想在何种程度上阻塞我们的认知。认识到认知阻塞的人就会明白神经工效学。

我们的大脑是可饱和的

在达伦·布朗的技巧中，有一个技巧可以阐释自发活动和触发活动的概念。大脑和心脏一样，只有在死亡的时候才会停止工作。其运行机制和对能

---

[1] 关节技（Joint Lock），格斗中使对手关节非正常扭曲及变形的技术。

量的消耗随任务而改变，但只要我们活着，无论是睡着还是醒着，它都在活动。我们的大脑活动基本是自发的。在几个世纪的时间里，尤其是在经验主义哲学思潮的影响下，人们都一直认为神经系统的运行基本依靠触发活动，也就是依靠其输入端。今天的机器人就是这种情况。自发活动的缺乏是目前的机器人远不及我们的一个原因，尤其是在学习、适应性和识别形状方面。

视网膜与大脑的连接十有八九都属于下行连接，也就是说从大脑到视网膜，而不是反过来。机器人携带的摄像机不大遵循这样一个模式。当然，我们的神经系统几乎从不以单一的方式使用一种连接。例如，人们会发现沿着一个被视作神经元出口而不是入口的轴突顺行传递信号的情况。大脑与视网膜之间的联结大部分是在传递大脑给视网膜的信息，这一事实证明了头脑的内在活动对于感知外部世界必不可少。神经系统的自发活动是"首要的"，它在胚胎中就开始了，并且决定了胎儿的大脑是否能良好发育。

自发活动也可以阻止信号进入我们的意识，正是这一现象帮助我们提高了情绪的饱和度。反应、记忆、注意，没有一样在我们的大脑中是可饱和的，我们常常忘记这一点。

以电力系统为例。为了避免电力系统烧毁，人们安装了保险丝，一旦过载就会跳闸。我们的大脑也是这样运行的，因为它建造在饱和度的基础上：大脑对刺激的反应不是线性的，而常常是对数的，或者更简单地说是渐进的（即反应在一个极限值停止，可以无限靠近，但绝不会超过该极限值）。

举一个对刺激的对数反应的例子：心理声学，也就是我们感觉声音的方式。人们用分贝来衡量声音的强度，这是一种对数尺，因为 100 分贝的声音是 90 分贝的声音的强度的 10 倍，但大脑的感觉并不是这样。

食物的浓度也一样，例如糖的浓度或质子的浓度。pH 值为 7 的水的质子浓度比 pH 值为 6 的水低 10 倍，舌头灵敏的人很容易感受到这一差别，但大部分人对此并不敏感。在一个透明的茶杯中，稀释了 10 倍的茶颜色似乎也浅了 10 倍。相反，我们不觉得柠檬汁（pH2.2）比醋（pH2.8）更酸，虽然醋的酸度要小 6 倍。研究味觉就能清楚地了解我们的神经系统有多么会利用自然及适应生存，感觉器官的某些构造原理与我们思维活动的组织原理何其相似。

无论从默记还是感觉的角度看，我们的大脑强调得更多的是消极信号而非积极信号。它更强调惩罚而不是奖赏，因为在自然界，惩罚面临着死亡的威胁，而奖赏可能只是饱餐一顿。这两种情况对我们的生存有着不同的影响，正如下述谚语所证明的："为什么兔子跑得比狐狸快？因为狐狸奔跑为晚餐，兔子奔跑为活命。"然而，如果狐狸屡屡失败，它的结局也是死亡。但在大自然中观察到的狐狸逮住猎物的概率表明跑赢的是猎物。这就是"活命－一餐"原理。

同样的原理也体现在我们的味觉中。我们不太会注意到甜味，却对苦味极为敏感，甚至最为敏感，一点点苦味都能引起我们的注意。为什么呢？因为苦味与影响我们神经系统的分子有关，例如咖啡因（在进化中对哺乳动物来说是一种毒药），或者毒芹碱（大毒芹的活性成分之一）。如我们所见，我们的大脑突出有可能致死的嗅觉－味觉信号的方式类似于它处理包含死亡风险的信息的方式，所以我们在强烈的情绪（尤其是暴力和害怕）刺激下，有可能真的会晕过去。这种晕厥有可能成瘾。

我们的神经系统有多种方式让我们警惕那些可能杀死我们的东西。它或者给每平方厘米的舌头配备数量更多或更强大的感受器，或者调整我们的自发思维活动以强调信号——这一现象就是日常语言中所说的注意和警惕。

我们回到大脑饱和度这个问题上来，我们的视网膜机能完美地阐释了大脑的饱和度。人们可能以为视网膜会向大脑发出与它所接收的光线的强度相称的信号，然而，事实正好相反。在黑暗中，视网膜发出的信号最强，在光线引起目眩的情况下，信号降为零。为什么做出这一进化"选择"？因为黑暗的程度是有限的，而炫目的程度没有。我们的视网膜系统在一个它并不了解其最大刺激程度的环境中，就是这样确定自己对其的最大反应的。从物理上说确实如此，如果我们将视网膜曝露于直射的阳光中，视网膜会烫伤，但仅从光线强度的角度讲，其信号是因为强光线被切断了的。

如果扩大到群众心理和地缘政治领域，有限与无限反应的对比从一个新的角度阐明了美国在侵占伊拉克期间应用的"震慑与敬畏"（shock and awe）学说。1996 年由韦德和厄尔曼发表并在美国国防大学得到发展的这一学说还证明了人们能够在杰出的同时毫无人性，这让我们看到必须在科学中融入智慧，否则就会失去人性。"震慑和敬畏"，就是突然地、大规模地和迅速地向敌人展现其毁灭力，在理论上让敌人丧失战斗的意愿。这一学说也被称为"full spectrum dominance"（"全面主宰"），该学说反映了美国一帮搞国防建设的人冷战后的精神状态，虽说是绝对的战略幻想，但也是对其狂妄自大氛围的准确判断。国家，跟人一样，也有思维活动、精神状态和精神疾病。

我反复思考过这个问题，在对认知神经科学研究的基础上，我建立了一种完全相反的战略学说。我想，遵循怀抱希望和"共同努力"的逻辑，"建设性"武器就会展现出比"震慑与敬畏"更可观的战略成果。这一地缘政治学说属于一个更加广泛的框架，根据该框架，大规模"建设性"武器比大规模毁灭性武器更强大，没有那么昂贵，但不论是从短期还是长期看都更加有效，在全世界也更受欢迎。遭受毁灭性打击的人们被逼入绝望的境地，而绝望是危险的。至于希望，希望是没有极限的。通过恐怖手段来压制人们及其思维活动，这种尝试只有一个结果：自杀。显而易见，2003 年在伊拉克发起的战争制造了大量的绝望者，今天人们看到了其外在的体现。

　　让我们回到大脑活动上来，分析一下达伦·布朗的另一项技巧：在他的诱导下，一点酒也没喝的实验对象感觉自己已经醉了。大部分醉酒症状在于抑制前额叶皮层，而前额叶皮层又抑制了我们的某些本能行为。简单来说，如果前额叶皮层受到抑制，我们就解除了抑制——醉酒症状由此而来。由于解除抑制加强了自信并减少了任务规划中的怀疑部分，在某些任务，例如解题或写作中（但可能不是在驾驶中）解除抑制可以增强能力，并激发创造力[1]。早在 1987 年，研究人员就观察到在饮用少量的纯酒精后，实验对象在一项要求速度和准确性的运动任务中表现得更好。他们先后测试了两种剂量：相当于每公斤体重 0.33 毫升和 1 毫升的纯酒精，也就是说一个体重为 90 公斤的人大约 1 品脱和 3 品脱酒精度为 6% 的啤酒。第一种剂量（1 品脱）显著提高了准确性，但没有提高速度；第二种剂量（3 品脱）降低了一项任务中的速度和另一项任务中的准确性[2]。结论是，如果说抑制降低了能力，那么在剂量准确的情况下服用一种"抑制这种抑制"的物质能够增强相关能力。自古有之的通过（少量）饮酒克服胆怯的做法在实验中被证明是有效的。

---

[1] 在文章接下来的部分，研究者在 10 名尿蛋白指数为 0.15 g/l 的适量饮酒者身上观察到注意力方面的能力下降。然而，10 个人并不是很能说明问题，职业司机的情况没有被考虑进来。稍稍解除抑制就能打消实验对象的怀疑和犹豫从而增强能力的可能性令人感兴趣。见莫斯科维茨，伯恩斯和威廉斯，《低血醇水平上的技能表现》。

[2] 梅勒，拉比特，萨加尔等，《在选择反应时间和视觉搜索中酒精对速度和准确性的影响》。

通过化学方式解除抑制有可能增强能力，而这只是因为它会作用于我们对自身相关能力的怀疑。然而，由于大脑对自身比对它能做什么了解得少得多（元认知⊂认知），我们的怀疑倾向并非始终正确反映了我们的潜在能力。我们身上有"被囚禁"的能力，不论在认知方面还是在身体方面。在一定条件下我们能够释放这些能力——例如在肾上腺素的作用下——但别忘了，如果大自然没有选择这些能力，就有它不选择的道理——这些道理不是我们所能理解的，我们必须对此保持谦卑。

不管怎样，这些被囚禁的能力的存在证实我们能够"解放我们的大脑"，使其摆脱无意识活动和恐惧。我们知道的比我们以为自己知道的更"多"，我们会做的比我们以为自己会做的更"多"。此外，大脑倾向于适应它以为的自己，因此，当我们以为自己没有能力完成某项任务时，我们失败的可能性要大得多。这是自我实现预言的一个典型案例。

在催眠状态下，我们的能力能得到提高吗？有可能，因为催眠能够解除前额叶皮层（前额叶皮质维持我们的批判精神、我们的怀疑）的部分抑制。达伦·布朗的"假醉"实验很吸引人，该实验表明大脑的自发活动能够压倒其触发活动。为了用暗示让实验对象醉倒，布朗请他准确地回忆喝啤酒会产生什么效果。准确至关重要，因为这关系到是否能唤起与醉酒有关的大量回忆，以便大脑更清晰地、以一种更令人信服的方式想起这一状态。

催眠的手段之一也是把催眠对象置于一种舒适的状态，比他日常的思维活动状态更加舒适。催眠对象越是感觉到舒适方面的差别，越会对催眠有所反应，因为催眠解除抑制，令人放松，消除怀疑和焦虑，让我们沉浸在一种不愿意逃离的状态中。像唐·柯里昂[1]一样，催眠向我们的思维活动提出"无

---

[1] 唐·柯里昂（Don Corleone），电影《教父》中教父这一角色。

法拒绝的机会"，这使催眠在舞台上如此具有戏剧性：催眠给我们的印象是催眠对象在不情愿的情况下被催眠，然而事实上他想要被催眠，这一强烈的愿望令他自己感到惊讶（尤其是如果他以前从未被催眠过的话）。

达伦·布朗请他的实验对象描述喝一口啤酒所带来的感觉，发热感、味道，等等。他请对方细细感受啤酒在嘴里、喉咙里、脑袋里产生的影响，并且一再地感受，就好像他接连不断地喝了好几品脱啤酒似的。当自发活动足够可靠时，它会唤起相关记忆，例如醉酒的生理影响，唤起是有效的，尤其当催眠对象愿意感觉喝醉时，因为醉酒是一种愉快的感觉，是他的大脑不想拒绝的一种选择。

当我们回忆某种感觉时，我们的大脑会以与外部世界几乎相同的方式再现这种感觉。这种神经工效学的情况在某种程度上令哲学家产生了我们是"桶中之脑"的想法，因为我们所感受到的一切其实都是大脑的活动，自发的大脑活动能让我们以为该活动是外部刺激造成的。在哲学范畴中，柏拉图借助洞穴的比喻描述了这一概念，庄子梦蝶也阐述了这一概念，这个概念还启发了沃卓夫斯基兄弟的传奇电影《黑客帝国》。

非注意盲视和变化盲视

大脑的自由是有限度的，某些活动对它来说不可能。进化是了不起的设计师，因为进化创造出合适的系统，合适得令人难以置信。进化掩盖了创造物的不完美，不但对创造物本身来说如此，对创造物的猎物或捕食者来说也是如此。例如，我们的视觉系统存在天生的不完美。人们称之为马略特暗点，这是我们的视网膜盲点，这里没有感光细胞，是神经束会集之处。

这个盲点并不会出现在我们的视野中，所以我们注意不到有一个黑点。然而，它是真实存在的。

如同大脑能让我们怀疑自己的能力一样，盲点能向我们隐藏我们不知道的东西，我们没见过的东西，等等。而就像电脑被黑客入侵一样，盲点也可以被"入侵"——催眠正是在做这件事，通过"获取大脑的管理权限"，绕过我们的批判思维。

大脑不是计算机，但如果必须把大脑看作一台机器的话，其启动速度之快令人惊叹。这是因为大脑不同于机器，它始终处于运转之中。跟自行车在运动时有一个助其保持直立的角动量时刻一样，大脑也有一个"认知时刻"。其正在进行的活动能够使它对外部刺激更敏感——这是警惕现象；或者对输入的知识更敏感——这是认知共鸣现象，当我们刚刚学到的东西完美融入我们的思维模式时，这一现象就会发生。相反，当我们刚刚学到的东西与我们的思维模式发生冲突的时候，认知冲突就会产生，这会妨碍我们的学习。最后，在感官刺激的情况下，会产生"非注意盲视"（inattentional blindness）。

没有比那些传遍全世界的 YouTube 视频更好的非注意盲视的例子了。两队篮球运动员——一队穿灰色衣服，一队穿白色衣服——在传球，观众应邀数白队传球的数量。在视频的最后，观众被告知正确的数量并且被询问场上是否发生了什么奇怪的事情。在其中一个视频中，一个男子扮成大猩猩拍着自己的胸脯穿过球场；在另一个视频中，他化装成一头棕熊踩着太空步穿过球场。绝大多数实验对象没有注意到大猩猩或棕熊，因为他们太专注于数传球的数量了。人们能够证明他们的大脑的确看到了什么东西，但正在进行的任务阻碍了这一信息进入他们的意识，意识是一个有限的空间，需要聚精会神地执行一项任务。亨利·柏格森说得对："眼睛只看得到头脑准备了解的东西。"

一些研究人员，比如斯坦尼斯拉斯·德阿纳和让-皮埃尔·尚热，在二十多年的时间里，构思了一个反映这一机制的信息模型，借助该模型，他们获得了关于其时间选择和可复制性的相当准确的预言。

正在进行的思维活动可以控制意识入口。有经验的护士了解这一现象。如果你必须得为病患做一项痛苦的检查，比如抽血或腰椎穿刺，你可以问他一个基于通识性知识的问题以转移其注意力：蒙古的首都是哪里？13×11等于多少？能告诉我两种皮埃蒙特的葡萄酒吗？对方会思考答案，他的意识在大约半秒钟的时间里会对痛苦无感。"痛苦"的信息确实会被注意到，尤其是被皮肤上的伤害感受器捕捉到，但该信息不会进入意识，认知任务独占了意识有限的注意力。意识似乎是一个真正的"工作区"，一次只能容纳一件事。大量的思维活动对象（或者"思维对象"，正如埃德蒙德·胡塞尔所说的）争先恐后地想要挤进去，闹闹腾腾，一刻不停。这场战斗的动力是"赢家通吃"：似乎只有胜出的思维对象才能进入我们的意识。然而，"胜出"的思维对象可能得到了我们的注意力或者外部世界刺激的帮助。原则上，如果我们的大脑想要对外界刺激彻底封闭，它是可以做到的，比如在麻醉状态下。但在催眠状态下或者通过孜孜不倦的冥想练习，绝非不可能达到同样的结果。从神经科学的角度看，冥想无非就是控制我们的自发思维活动。

任何尝试观察自己运行中的大脑（这只能通过内省）的人已经算是在从事神经工效学的研究了。古代哲学家、萨满、佛教僧侣、苏非教徒以及其他很多人都观察过工作中的头脑。他们的著述中常常有这样一个比喻：头脑就像是或激荡或平静的一汪水。这一比喻如此简单、如此贴切，可以让人理解自发活动和触发活动的概念。想象头脑是大海，信息是波浪。在起伏的大海上，波浪不会留下任何痕迹；在风平浪静的大海上，波浪一层层地荡漾开去。

另外一个观点在苏非教中十分流行：错觉从思维对象的一系列标准化思维中突显出来，从意识流中突显出来，而这是争夺进入意识的机会的各种力量对抗的结果。

虽然内省对于提高对思维的认识无可取代，但我们的思维活动并非天然是有意识的，思维活动甚至大多是无意识的，因为对大脑的运行来说，意识太过消耗能量。我们的绝大多数行为和决定应该是无意识的、自动的、耗费最少神经元活动的。这不难想象：在汽车驾驶过程中，神经血管反应——即任务导致的对氧气的消耗——在外行的司机身上比在老练的司机身上强烈。对于相同的任务，外行的大脑比专家的大脑消耗的能量多。如果我们对自己的思维活动完全是有意识的，那么就不会有神经科学，因为每个人都能解释自己的大脑是如何运行的。我并不是说这样的壮举绝无可能，但在我们的实验科学的发展程度十分有限的状态下，这纯属想象。

专家的大脑不假思索地执行任务，难怪在达伦·布朗的把戏中，老练的珠宝商收下了白纸，而比他经验少的热狗小贩没有上当。武术大师知道行家的标志就是他能下意识地做动作，不假思索地调整姿势。不论是哪个门类（体育、舞蹈……），大师胜人一筹之处，就是他能够用言语表达他所做的。身体和头脑的绝大多数活动不是我们的语言自然而然就能描述的。人们会打领结、骑自行车或游泳，但人们不一定知道如何用语言文字表述这些事情。

另一些例子则展示了大脑如何向我们掩盖它的意识缺乏。拿"变化盲视"来说，它与非注意盲视十分相近。心理学家丹·西蒙斯在哈佛对这一现象所做的实验也被拍成了视频，这也因此成了一个公开的笑谈。场景设置如下：一个大学生站在柜台后面，实验对象向他走来。柜台后面的大学生请他填写一张表格，随后，大学生假称他的钢笔掉到了地上，趁机躲到柜台后面，让另一名大学生取代他。只要柜台后面的两名大学生体型多少有点相像，气味也一样，有三分之一的实验对象没有意识到换了人。

在另一个场景设置中，一名大学生请在街上碰到的实验对象帮他照一张摆拍的照片，就在这时，另外两个人抬着一块大木板从他和拍摄者之间经过。在移动木板的掩护下，第一位摆拍者被做着相同姿势的另一个人换掉。同样，有三分之一的实验对象专注于取景和对焦，没有察觉到他的模特换人了，只要他们的外表大体一样。

我们的认知是局部的，观察一张全景图或观赏一幅艺术作品时，我们也能感觉到这点。我们视觉的一拃受限于我们的视角和视网膜中央凹，除此之外，还必须加上我们思维的一拃。正如我们将在下文看到的，如果你凝视罗马，你无法用画面表现每一幢建筑物的内部。一幅艺术作品或一个人也一样：任何作品，任何人，如果要整个被装入我们的意识，无疑过于庞大了。

我们暂时要记住的是，大脑跟手一样，有关节连接、杠杆效应和被禁止的角度。我们的手所做的一切动作和活动比我们能做的动作和活动要有限得多，同样，我们生活中所做的一切大脑动作和活动与我们所能做的比起来不值一提。仅从这个角度说，确实我们只用了我们大脑的"10%"。

事实上，一台模拟大脑运行（同样，在各个细节上配置较低）的计算机的能量消耗大大高于大脑的实际消耗——然而，大脑消耗的能量在人体中占比是最高的：大脑占人体重量的2%，却占我们能量消耗的20%。正如斯坦福神经科学家斯蒂芬·史密斯所说："仅在大脑皮层上就有至少1 250 000亿个突触，这差不多是1500个银河系中星星的数量。"我们模拟蛋白质折叠就已经很困难了，而一个突触完美的整体运行还无法用计算机进行模拟，但即使把突触比作一个晶体管，125万亿个晶体管则可媲美克雷公司2012年运行的泰坦超级计算机——177万亿个晶体管。一个突触远超一个晶体管，但泰坦比大脑消耗的能源多多了。至于首次尝试初步模拟大脑的"人类大脑工程"（洛桑联邦理工学院、海德堡大学等）这一创举，其经济价值将至少达到 12 亿欧元，每年投入超过 7150 人……我们明白，关于我们的大脑——这个布鲁诺·迪布瓦所说的 1.2 公斤重的"大水母"，我们知道的越多，就越是赞叹不已。

第二章
认识你的大脑

>>

1. 你的大脑是什么样的？

"啊！终有一死的人不灭的精神！"

人们听到狂热者说得舌燥唇焦，

精神只是人思想的总和，

一个原子的"我"之精华。

思想是大脑和神经的产物，

在可怜又刻薄的傻瓜的头颅中，

疾病中思想染沉疴，酣睡中思想在沉睡，

死神降临时思想灰飞烟灭。

"安静！扎希德[1]说，

我们都清楚令人痛恨的学校教诲，

把人变成木头人，

---

[1] 在苏非派的传统中，扎希德（来自阿拉伯语 zahir）是用一种浅显的方式解释《古兰经》的人。

把理智变成分泌物，把灵魂变成一句空话。

由分子和原生质组成的你，

动辄辩论这种止步不前，

以及变成了人的猴子

的唯物论者。"

———理查德·弗朗西斯·伯顿

《哈吉阿卜杜·耶兹迪之歌》

　　主观性、梦想、思想、精神等无形之物拥有有形相关物的观点今天仍作为一个"问题"被提出来：身心问题。换言之：身体和精神如何相互影响？身体如何产生精神（对于严格的唯物主义者来说）？身体是一种精神状况，还是精神是一种身体状态？

　　当萨特断言存在先于本质时，他的根据是精神是一种身体状态，这是我们成熟的主观性的直接前提条件。当然，主观性的直接前提条件不能被看作事实，但我们对其有意识是一个事实：了解我们所感受到的，这已经是了解事实的一种手段。相反，佛教徒和苏非教徒认为身体是一种精神状态，我们身上存在某种超越终有一死的肉体并且能够以多种方式影响肉体的永恒不灭的东西。

　　在神经科学中，人们谈论"意识的相关神经元"，而不是意识的"神经元基质"或"神经元基础"。事实上，在目前的知识状态下，人们不能完全将精神归结于神经。这种假设是一种基于实践的推测，既没有被证明，也无法被证明（因为形而上学超出了我们目前的科学范围），但正如伯顿在他的诗歌中吟诵的，它得到了与我们的主观性相关的生理学的强化。当我们睡着的时候，我们大多是无意识的，当我们生病的时候，可以说我们的思维也病了。当我们的大脑受损的时候，我们的思维也受到损害，等等。因此，存在一种思维生理学，正如存在读写生理学一样。这令人着迷，尤其是当这些方面的研究还不充分的时候。事实上，这些生理学意味着注意的可能性，愿意留心自己精神的生理学基础，这是一种明智的追求。最后，这种生理学会被铭刻在我们的神经中。

我们的神经是一台计算机吗？

大脑的膜回路

我们的神经是"进化"了的海水的后代。从可使用的咸水开始，生命体通过在引导下试错，创造了神经元中的液体。海水通常的钠含量为 10 克 / 升，人的血清为 3.3 克 / 升。浓度至少降低了三分之二。神经元的内部，包括传递动作电位的轴突的内部，浓度更低。不过，为了简单起见，可以把人体神经生理学想象成一团"咸水"（意思是含有离子的水）。

地球上的生命为发展其信息技术而发明的方法大大优于我们的方法。首先，与我们使用的硅芯片相反，它不依赖于严格意义上的半导体（开放的或封闭的），而是依赖于"模糊的"半导体，即信号类别之间存在各种细微差异的连续体。人类的信息科学基于电流的传输与否，以 0 或 1 标记，表示接通电路或不接通电路。这是晶体管的原理。用强力硅制成的纳米晶体管被称为半导体，因为它可以有条件地让电流通过——这与常温下铜丝的情况不同——但通电的细微差异的多样性很差：只有"是"或"否"，0 或 1。

地球上的生命选择了另一种方法。其交换的信号属于所谓的"模糊逻辑"，即在 0 和 1 之间存在一个连续体的逻辑，这就使得其编码多样性大大超过我们目前的信息科学。事实上，对地球上的生命来说，"电流通过吗？"这个问题是最初的问题，而在信息科学中，这是最终的问题。在一个神经元中，这个问题只是引出了其他各种各样的问题：怎么通过？多大比例？用时多长？在哪个信号之后？人们可以在一台计算机上模拟所有这些问题，但这些问题不是硅电路本身所具有的（发现忆阻器之后情况有所改变，因为忆阻器是与突触有点相似的一组电路），却是神经元的膜回路所固有的[1]。

这些可称为膜的细小电路具有可与其他信号系统（如荷尔蒙或免疫系统）交互操作的迷人特性。

这种我们目前的计算机中不存在的交互操作在技术层面还难以理解。膜技术赋予神经元半导体表达的丰富性，又进一步超越了半导体，因为它同时使神经元可以进行自我维护，目前的硅电路做不到这点。

这使得膜与人体稳定性同质——这正是它的目的，因为神经的分布正是用以感知身体状况的。

相反，我们的计算机不能自我修复，其中硅的状况与其完整性不是同质的。

因此说大脑的运行以电子学为基础是错误的。人们有可能谈到在编码方面比电子学强大得多的"离子"技术。由于受神经支配的身体其实不是金属的，

---

[1]　神经元膜并未脱离已知的电子学规则，人们可以用"等效电路"来描述神经元膜。但电路只是极其近似罢了，与神经元膜真正的精妙相比不免显得简陋。人类倾向于让现实进入他的陋室，而不是扩大他的陋室以容纳现实之微妙，有些人相信神经元膜不过是一个等效电路。这一假设对于在电脑上模拟神经元集群是有用的，但这不是真的。

它不交换电子而是交换离子。然而，虽然一个电子与另一个电子难以区分，但一个钠离子与一个钙离子没有什么共同点。一个离子和另一个离子进入神经元不会产生同样的结果，因为生命发展了这种多样性以对其进行更加广泛的编码。因此，受神经支配的身体利用的是比在二进制基础上运行的半导体更多样和更"模糊"的信号，而且，与电路板相反，它利用其电荷载体（钠、钾、钙、镁等）本身的性质对一个信息进行编码，这引人注目，但并不令人惊讶，因为生命是我们可以接触到的在技术上最出色的存在（这是仿生学的基本理论）。

进化中的大脑：生存之绝对必要

即使我们喜欢把自己封闭在我们自己的创造中，但想让我们的神经向计算机的性能看齐是可笑的。虽然我们的大脑不能轻易地算出一个 500 位数的 73 次方根，但这不是因为它不能，而是这一能力在进化过程中从来就不是生存之绝对必要。我们的神经存在的理由是生存，因此它花费了数亿年的时间来专注于重要的事情并摆脱多余的东西。11 000 年前，狂妄自大的我们在智力上进入了新石器时代——而这在整个神经发展史上不值一提（神经细胞至少有 7 亿年的历史）——于是我们声称要纠正这个系统的问题，因为这个流畅到惊人的系统中充斥着无用的甚至有害的东西：教条、刻板行为、僵化思维……由此产生了一种危险的想法：因为计算机一秒钟能做几十亿次四则运算，所以计算机比我们的神经"先进"。

从我们的头顶到脚心，从身体内部到皮肤，我们全身上下的细胞组成了神经系统这个妙不可言的组织。它同我们的感觉、我们的感知、我们的行动息息相关，它如此巧妙，以至于启发了我们的土木工程学和机器人学。例如，周围神经系统的神经与我们的血管共区域。这是进化找到的一种简单的方式：由较硬的组织引导软组织（血管），并且借此机会使疼痛与失血发生关联，以引起我们对失血的注意。相反，在机器中，漏油并不一定是警示危险的信号。同样，在机器人中，威胁不一定伴有相关信号，正因如此机器不是自主的。在我们构想用于抵挡意外事件（例如空间站）的结构时，这种危险与信号的关联的缺乏就成了问题。我们创造一种结构，过后给它装上传感器。相反，人体是由其传感器构成的，传感器一直延伸至脊柱。这些传感器与血液（身体中最普遍存在的组织）同时就位，并且一定程度上促进了骨骼肌的发育。在胚胎发育中，神经细胞来自外胚层（将会产生皮肤的胚胎胚层），但它们随后迁移并扩展到整个发育中的机体，使不管是肠子还是表皮都受神经支配。植物的机体中不存在这样一个系统，植物的细胞缩在半僵硬的果胶纤维素的内壁中，不能迁移。

我们能享受按摩的乐趣要归功于神经系统，因为神经系统被组织为一个完整的整体，其隔开的部分能够相互影响。按摩双脚或双手的乐趣在于压迫我们的神经末梢，尤其是伤害感受器[1]。按摩带给我们的感觉是一种有趣的主观现象，因为它证明了我们的感官系统表现出好几种运行机制，这些机制建立在相同的编码体系的基础上：感受痛苦的途径也是感受欢愉的途径，一切取决于所施加的压力。这一冗余原理在大脑的边缘系统也可以观察到，而该系统是感受恐惧的途径。强烈的情绪（其中一些是提示我们注意危险的）会让人欲罢不能，恐怖电影因此受到欢迎。

然而，我们的"人造神经"系统没有这样的冗余。如果你瞎摆弄一幢大楼里的消防警报器，除了意料之中的情形你不大可能看到其他情况。

---

[1] 伤害感受器还记录危险的挤压或皮肤被刺入的情况。

自生系统

在生物学家温贝托·马图拉纳和弗朗西斯科·瓦雷拉看来，自主和生存是认知科学的基础：由于智力与生命同时外延，人工智能将是人工生命。这一理论被称为"自生"，这是一个有着丰富科学含义的概念，用来定义生命。一切在自己设定的范围内自我组织的系统都是自生系统。以活的细胞为例：细胞膜维持其运行所需的体液浓度条件，使新陈代谢得以维持，而新陈代谢又产生膜的组成部分。星辰也是自生的，因为星辰拥有"核代谢"，其存在的条件正好是它们的限制所允许的。它们也有一个复制系统，显然不存在自然选择，但可以增殖。当一颗超新星爆炸的时候，它会在周围的星云中形成压缩波，这些压缩波增加了其他星星诞生的概率，同时超新星释放出更重的核，这些核在超新星死亡之前不一定存在。因此，我们有一天可能会把星星看作是有生命的。

但现在这么说还为时过早：在目前的知识范围内，我们不能断言星星是有认知的。如果真的有，如果星星完全适应其环境，那该认知的时间性超越了我们，不是在人类生存的时间里（大约20万年）可以观察到的。也许星星能够交流和认知，但我们的科学的一拃太小，以至于现在无法探究这一现象。由于人类的偏见，某些科学家往往不允许自己从事任何超出科学目前的一拃范围的智力活动，然而应该是科学的一拃来迎合人的才智，而不是反过来。

博利绍伊实验

存在一种我们的科学能够（仅部分）了解的天文现象，这让我们对宇宙这个复杂机体的结构有了一点点概念。就像把一件东西握在手里并非对它了如指掌一样，把一件东西纳入我们的科学也并非对它一清二楚。在 NASA 的超级计算机上所做的博利绍伊实验，目的在于模拟宇宙中暗物质和暗能量的分布。

博利绍伊是一次有慑服力的模拟实验，因为它根据一个特别精细的结构观察宇宙，远离了人们常常想象的不确定性，尤其是在星系分布方面。如同一个生态系统一样，从普通的星星到拉尼亚凯亚那样的超星系团，可观察到的宇宙似乎一层比一层复杂，而又层层交错。[1] 也许有一天我们会发现这些星星之间巧妙的联系，而宇宙中星星的数量远远超过我们大脑中神经元的数量[2]。

"星星有认知吗？"这个问题拷问认知原理本身。然而，这个主题如此宏大，我们所掌握的相关知识又是如此之少，以至于今天我们还无法在实验室里再现完整的认知。原因是：认知现象的产生部分归于其不可预测性。如果你冲着一块扔出去的石头大喊大叫，石头的轨迹不会因此发生改变。如果你冲着一个正在奔跑的人大声喊叫，你有可能改变他的行为。这就是认知的结果。

至于其他的，如果我们仔细思考我们的认知，就会发现我们的认知与计算机的运行截然不同。某一代研究人员和哲学家想把认知局限于语言，然而

---

[1] 拉尼亚凯亚可以说是我们在宇宙中的地址：一个有 22 000 个星系的超星系团，包括我们的星系，围绕被称为"巨引源"的暗物质流运动，我们对其几乎一无所知。在夏威夷方言中，拉尼亚凯亚的意思是"无法测量的天空"。塔利，库尔图瓦，霍夫曼和博马累德，《拉尼亚凯亚超星系团》。

[2] 宇宙中星星的数量一般估计为2000亿的平方，1000亿是我们大脑中神经元数量的上限（一项计数研究的结论是平均 860 亿个）。见阿泽维多，卡瓦略，格林贝格等，《相同数量的神经元细胞和非神经元细胞使得人的大脑成为一个等距缩放灵长目动物的大脑》。至于曾经在地球上生存过的人的数量，今天一般估计为大约 1100 亿。见豪布，《有多少人曾在地球上生存过？》；威斯汀，《关于有多少人曾经生存过的说明》。

思想包含语言，而语言不包含思想。总是存在同样的悲剧性错误，由于这一错误，我们把未知之物禁锢在已知之物中，把未掌握之物禁锢在已掌握之物中，把创造者禁锢在创造物之中……这个错误持续了很长时间，不论是在某些哲学流派还是在某些认知科学流派中。在哲学上，这个错误使得人们认为那些在逻辑上不是绝对典型的研究（按伯特兰·罗素所说）都不是哲学研究。

这一争论之所以长时间持续，是因为我们头脑的运转方式不同于机器的运转方式，在一种工程师和技师的文明中，能够让自己的头脑只听从机器指令的人自然比做不到的人显得更有价值。确实，我们的头脑得做出努力才能只听从机器的指令，因为它并不是这么形成的。然而，除非已被确实证明，否则还没有哪些机器指令能够在自然界中幸存。如果说我们的头脑不按机器指令运行，那是因为它有理由这么做。

尤其是，我们的头脑不使它所操作的变量类型化。伯特兰·罗素引入了变量类型来解决以他名字命名的罗素悖论，这让逻辑学家弗雷格气得脸色发白：不属于自己的集合的集合属于自己？为了解决这一悖论，罗素确立了一项逻辑法则：禁止往一句合乎逻辑的话中掺入东西以及包含这些东西的集合，无论是容器还是内容物。然而这正是我们的头脑一直在做的。我们所写的句子天然是混杂的：我们可以把"我"和"所有像我一样的人"放在同一个句子中。大脑就是这样运行的，而计算机则不是。

"认知吝啬鬼"

当我们思考我们认知的一拃时，会发现这方面的事情尤其有趣。正如我在前面说过的，我们能拿起超出手掌的一拃的东西，条件是在这些东西上装一个把手，对概念来说也是一样。我们的大脑能举起庞大的概念，条件是这些概念以符合人类工效学的方式呈现给大脑。遗憾的是，给概念——或者教学方法——装上把手的技巧仍然受到蔑视，因为掌握该技巧能够革新教育和研究，尤其是在数学方面。

事实上，从事研究的数学家只受限于他头脑的一拃，他不能预先想太多次，不能同时在心里做太多变换，不能将太多概念结合在一起。如果我们能人为拓展思维活动的一拃，我们在思想空间中的移动将迅速、有效得多，协同性也更强，简单说来就是更加强大。因为思维活动的一拃还很有限，我不能想象如果头脑获得更多杠杆，世界将发生多大的变化。

我们的头脑能应对多个一拃：记忆竞技者和奇才们正是有意识地这么做的。让我们来想一想我们的思维对象——"罗马"：对我们的意识来说它太大了。与我们所习惯的容易抓取的有形物体相反，当人们举起它的时候，思维对象不是实体的。如果你想举起一瓶水，你得受得住其全部重量。如果你想说"罗马"，则没有这回事。默念"斗兽场"比默念"罗马"需要更多时间。然而，如果是信息文件，后者就比前者重多了。我们不可能思考整个罗马的一切，于是我们脑海里浮现出反映其表面的主观片段、标签，该机制正是产生刻板印象的原因之一。罗马作为罗马，不可能与它的整个历史、它的所有街道、它的景色、它的人一起统统装进我们的头脑里。思维活动中所有常见的东西也一样："我""他""我妈妈""我的邻居""我的孩子们"，等等。

用苏珊·菲斯克和谢利·泰勒的话说，刻板印象之所以存在是因为人的大脑是一个"认知吝啬鬼"，它总是尽可能地少进行思维活动。

大脑喜欢捷径，喜欢下意识的想法，当它不得不在容易和真相之间选择的时候，它常常选择容易。完整地了解一个思维对象对我们来说是不可能的。思考整座城市是做不到的。然而，这正是某些艺术家想要做出的努力，比如圣约翰·佩尔斯的诗歌《阿纳巴斯》。在这首诗中，他尝试以作品所需的全部过人器量去领会一座城市的基础。佩尔斯的方法被称为"意识流"，在他那个时代很流行。"意识流"的典型特征是令人想起城市的一系列映像，读起来很是吃力。

由于大脑的懒惰，绝大多数人并不尝试去扩充自己的意识。这是人之苦恼的无尽源泉。这也是圣约翰·佩尔斯的诗歌读着吃力的原因。

因为一切讨论、一切决定、一切政策之关键，是意识之高贵与伟大。政客们都有一种难以形容的懦弱，没有能力细致入微地思考事情，操控着"法国""法国人""未来""经济""就业"之类的东西，心里却连这些东西的清晰概念都没有。那些决定和执行长崎和广岛原子弹投掷的人都没有足够强大的意识在几天的时间里去思考——哪怕只是想象一下——这些城市的建筑里发生的事情，而是就这样摧毁了整整两座城市、家庭、故事、身躯和情感。因为他们太过失察。

可饱和的大脑，可适应的大脑

但我们的大脑是可饱和的，这种饱和性有莫大的好处：适应性。因此，我们能从只剩残垣断壁的城市中恢复过来，正如我们能从一场车祸中恢复过来一样——车祸跟摧毁这座城市一样使我们强烈的情绪达到顶点。我们的大脑不会在某些界限之外苦苦等候，它最终会迈步前行。饱和性并不是进化偶然选择的。

在 20 世纪 80 年代，心理学家罗伯特·普拉切克将反映人类情绪多样化的"情绪车轮"或"情绪圆锥"进行了理论化。这涉及一个有八个基本要素的花环，这八个要素在某种程度上既是对立的，又是可复合的，就像颜色一样。

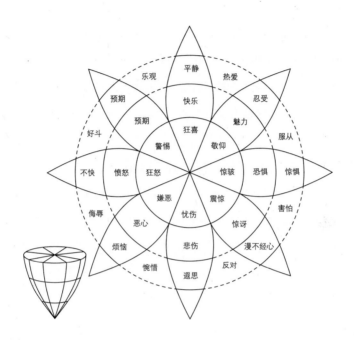

人的大脑似乎在用这些情绪给真实世界贴标签，这些经常更新的标签说明了情绪反应的相对性。一个富裕国家的儿童哭泣的原因与一个贫困国家的儿童不同。例如，富裕国家的儿童哭泣是因为没有得到他想要的礼物，而贫困国家的儿童哭泣是因为他有个朋友踩到了地雷……我们的大脑根据周遭事物和情况来确定反应程度。大脑做出的反应取决于我们共同享有的生活状态，因此，尽管身心舒适程度差异巨大，我们中世纪的祖先大概有跟我们一样多的欢乐和悲伤。

普拉切克的情绪车轮对培训演员颇有帮助，尤其像演员工作室[1]使用的方法，其基础是情绪记忆。至于意识之伟大，绝不要忘了意识之伟大取决

---

[1] 演员工作室（Actors Studio），一个为专业演员进行演技培训的会员制组织，成立于1947年，位于纽约曼哈顿。

于人性之伟大。我们经常做决定，不断地摆布对我们来说过于巨大的思维活动对象，这自然使我们既轻率又相当有韧性。

为了提醒我们接近感官的东西比超越感官的东西更容易在脑海中浮现，圣约翰·佩尔斯写下了这样有力的诗句："这个世界比染成红色的羊皮更美。"在皮革厂晾干的红色羊皮是我的感官可直接感受到的，它触动我，迷惑我。但皮革厂有更多皮毛，城市有更多商店，国家有更多城市，大陆有更多国家，世界有更多大陆，多得我无法想象……是的，世界比这块染成红色的羊皮更美，尽管我的意识是通过它感知世界的。

对我们的意识来说，可进入是通向不可进入的途径。这是一项教育原则，因此是神经工效学的原则。

大脑是一个世界

大脑经济学

了解大脑的最佳方式，就是把它看成一个世界，一个有人居住的星球。一小块脑区很像一座大城市，一个神经元就像是城市中的一个人。与城市里的人不同，神经元在成年人的大脑中并不移动，但它们生产并交换自己的产品。因此，人类的经济活动是大脑活动的恰当比喻。一些人创造产品和服务，这些产品和服务被转让给其他人，他们加工、汇集和改进这些产品和服务。例如，"话语"或"解读"的生产与世界经济背景下一台电脑的生产很类似。一些部件在泰国制造，另一些在韩国，还有一些在加利福尼亚，等等。大脑的运行是神经元的世界贸易，是基于选择的交换，部分源于物种的进化，部分源于出生前神经在子宫内的进化。神经生物学家让-皮埃尔·尚热谈到"突触达尔文主义"，以解释出生前后某些神经元网络的建立。在发育中，大脑就这样经历着一波又一波的活动——有点像神经元"浪"——其中一些活动通过与生态系统演变机制差不多的试错游戏最终确定了功能网络。这一机制也可以与大地上河流的形成进行类比。

正如一个跨国公司的物流一样，我们的大脑也创造价值链，我们思维活动的所有"完善的"功能跟全球化经济中完善的产品和服务一样复杂。如果一台电脑的设计和软件开发是在加利福尼亚完成的，部件来自泰国、韩国、日本，其组装在中国，那么人们无法说出该电脑是哪里生产的，同样，人们无法说出阅读是大脑的哪个部位进行的。但另一方面，人们可以确定大脑组装链条上的主要工厂。

如同世界经济结构中的各个区域一样，每个脑区负责一项服务，创造出的东西可被用于多种目的，就像在经济中一样：一个织布厂可以供应几个有不同销路的工厂；在我们的大脑中，小脑输出完善的计算服务，这些服务用于协调运动，但也可以进入心算的组成中。计算奇才吕迪格尔·加姆就是这种情况，他主要利用自己的小脑来心算质数的除法，可以一直计算到小数点后60位。

我们的大脑是一个巨大的服务经济体，每个区都输出和（或）输入一项服务。我们的认知能力是将服务组装在一起的乐高玩具。在这个巨大的服务乐高玩具中，我们对神经元能提供的所有可能性探索得远远不够。在晚期智人的早期阶段，我们的大脑还不会读写，而读写就是一个将好几项神经元服务拼装在一起产生新组合的绝佳例子。这种拼装肯定没有结束，我们能利用我们的神经元服务进行创新，创造出乎意料的新价值，这能改变世界，正如书写一样。在我的研究中，我将其中一种新的拼装称作"超书写"。

神经元的基础产品和神经元成品

我们不能改变我们大脑的基础产业，这些产业是通过进化形成的：小脑的浦肯野细胞群提供的基础服务是固定的；海马体处的细胞或内嗅皮层网格细胞所提供的基础服务是固定的；前运动皮层的镜像神经元提供的基础服务是固定的，正如会受到顶内沟数量影响的神经元提供的服务一样。但我们有意识的思维活动所创造的东西——思想、规划、歌曲、阅读、游戏等，所有这一切都是这些服务复杂的组合，跟一台由各种部件组装而成的电脑一样复杂。如果我们更清楚地意识到这一点，我们就能按照 fab lab 的原则组装一堆新的认知线路——我们的思维活动的结晶，这些神经元服务的成品，我们还能无止境地加以改进。我们才刚刚开始组合神经元服务，有许多媒介尚待开发，会有许多其他的思维活动形式……书写虽然对人类有深刻的影响，甚至决定了人类的历史，但与未来的创新相比微不足道……

跟存在微观经济学（一名消费者或一个家庭的行为）、中观经济学（一个企业的行为）、宏观经济学（一个国家或世界的行为）一样，有神经元微观经济学（一个或几个神经元的行为）、神经元中观经济学（脑区的行为）和神经元宏观经济学（大脑、意识的行为）。在思维活动中，有那么多神经元生产方面的认知指标跟一个国家生产方面的经济指标相同，例如国民生产总值。

由于一直在用经济做比喻，因此可以用"神经元的基础产品"来定义脑区提供的各项服务，用"神经元套餐"来描述组合的服务，例如阅读或意识。

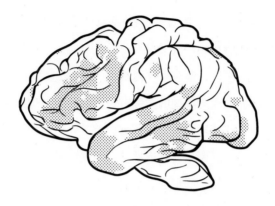

　　上图是人脑的左侧图像，其中的脑区已知对阅读（从识别字词及其含义一直到理解一整句话）有影响[1]。我所说的"神经元基础产品"是指一个脑区提供的服务，例如识别字词的直观形式（腹侧枕颞区，位于枕叶与颞叶之间商路的战略位置上）。相反，"神经元成品"是阅读的能力。

大脑的城市规划

　　如果你了解一座像巴黎那样的城市的结构，你就能了解大脑皮层的结构。今天的巴黎大体上还是奥斯曼城市改革的产物，他围绕两侧多为六层楼的巴黎的各个主干道构建了这座城市。真巧，人的新皮层也有六层。在很长一段时间里，人们以为唯有这一结构在保障完善的认知功能，但对鸟（鸟没有新皮层，但在结构方面有一种截然不同的构造：苍白球）的智力的最新发现提醒我们，就像城市的规划有不同的可能一样，大脑也能够以不同的神经元城市化方式产生同样的认知。

---

[1] 通过（法国）国家健康与医学研究院（Inserm）梅穆迪和比尔诺的 LinkRbrain 平台收集的图像。

在奥斯曼所规划的巴黎中，以一幢办公楼为例：某一层有一个律师事务所，另一层有一个诊所，再一层又有一个广告公司，还有一层有一个企业孵化器。在这幢楼的每一层，都有一人占据着一个办公室。每个人代表一个神经元，他与可能压抑他或激励他的左邻右舍交流，也与世界另一端的其他人交流——甚至比同在这幢楼的人交流更为频繁。我们的大脑根据相同的建筑学原理运行，只不过一般说来，临近的神经元之所以互相靠近是因为更容易一起开展工作。神经元服务的创建，如同人类服务的创建一样，涉及本地交流（办公室同事）和远程交流（电子邮件通信）。在很长一段时间里，奥斯曼所规划的巴黎将每一层与某个具体的社会阶层相联系。例如，三层是贵族层，专供富人使用，而顶楼则是女仆的房间。随着电梯的出现，正如塞尔日·苏多普拉托夫注意到的，这种纵向社会学被横向社会学所取代。贫困家庭逐渐被赶出巴黎，更明亮安静的顶楼受到买主的追捧和炒作……人的新皮层也是层叠的，各层有时起着不同的作用，这种分层也是逐渐进化的结果。

在世界经济中，很难准确定位像英国剑桥那样的小城市所起的作用、其产品多样性以及这些产品的目的地。虽然剑桥很小，但提供的服务在世界范围内影响很大。大脑的某些区域亦是如此：我们的松果体只有一粒米那么大，但它如此重要，以至于长期以来佛教把它视为脉轮，苏非教把它看作拉塔菲。没有它，我们无法睡眠、做梦、生存，对它的整体运行我们还了解得太少。

大脑皮层的划分

科比尼安·布罗德曼的方法最初是基于人体组织对苯胺之类的蓝色染液做出的反应，是对大脑皮层进行细分的一种简单方式。通过这种方法可以在每个半脑上划出 52 个区域。例如，第 7 区位于顶叶处，这里有对提供完善

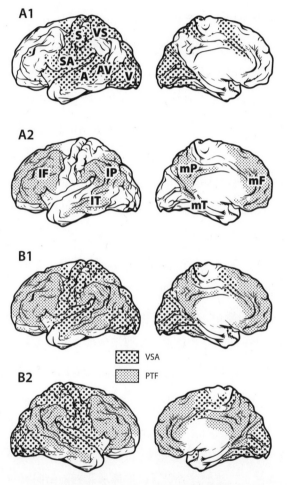

上面是梅穆迪等人的"VSA-PTF"模型：

两个圆环相互交织，构成人的大脑。

大圆点区域："视觉–空间–听觉"（VSA）环。

小圆点区域："顶–颞–额"（PTF）环。

的认知服务至关重要的神经元："确定物体相对于我的位置"。因此它处在视区与运动区之间的战略位置上。梅穆迪和他的合作者们认为[1]，它也位于一个被称为"VSA-PTF"（"视觉-空间-听觉"和"顶-颞-额"的缩写）的大网络的中心，这可以说是大脑的丝绸之路。该模型令人着迷，因为它确定了大脑经济的两条主要商路：一条似乎通过调动多种神经元来整合经由感官到达大脑的信息[2]；另一条似乎将这些信息与记忆和心理规划相对照。

VSA 环的功能是整合输入的信息，PTF 环的功能是将该信息与经验和心理规划进行对照。由于胼胝体——连接两个半脑的神经纤维束，VSA 环和PTF 环是大脑中交换神经服务的最重要的商路。

如果用布罗德曼的分区来定义人脑的地域，就有了下面这张图，这是研究人员马克·道发表在公有领域的。

这张图乍一看很复杂，不过虽然布罗德曼划出了 52 个区——图是对称的——但比起地球上的国家数量来，需要了解的东西其实少了很多。仅亚欧大陆的国家就比布洛德曼所划分的区域多几乎两倍！

归根结底，粗略地研究大脑经济等于记住 52 个国家，以及某些国家的进出口产品。这是一项相对容易的任务，最多花 5 个小时就能搞定。可以从北极出发（这是将额叶与顶叶分开的中央沟的顶点，围绕该顶点的是躯体感觉区和躯体运动区），按顺序编号，就好像从北到南给国家命名一样。

---

[1] 梅穆迪，佩尔巴格，吕多夫等，《休眠状态网络的皮层特应性：双重交织环结构》。

[2] 例如，这些既说视觉语言又说听觉语言的神经元。（不要忘了，大脑就像一个世界，在这个世界里，所有脑区讲的不是同一种技术语言。）

2016 年在大脑绘图方面也有了重大进步，这大大增强了我们对脑区的理解。如果把 21 个人的剪影叠加在一张普通的图像上，人体的正常比例将更加清晰地显现出来。一个国际研究小组对大脑如法炮制，将 210 个人的大脑叠加在一起，主要是研究其信息传递渠道（白质）的结构。这项重要的研究得出了一张精细得多的图，根据它们之间的不同划分了 180 个脑区："每个脑区内部是同类的，彼此之间是不同的[1]"，正如该出版物的第一作者马修·格拉瑟[2]总结的。

"不同"的方面是指其结构、功能、连接和形状。同样，在一座城市中，一个工业区与一个住宅区的结构不同、功能不同、道路网不同。

研究员格雷格·法伯阐明了这一发现的重要性："你看一张 1500 年的地图和一张 1950 年的地图有何不同感受？在图像的分辨率和质量方面，我

---

[1]　斯库蒂，《新的脑图确定了 97 个以前不知道的区》。

[2]　格拉瑟，科尔森，鲁滨逊等，《人脑皮层的多模态分割》。

相信我们刚刚从 1500 年进入 1950 年！"用地图比喻十分贴切，因为我们的大脑皮层就像一张揉皱了的纸（在数学上揉皱正是在同一体积下获得更大面积的最佳方法）。展开后，这张像块比萨那么大的图上如今有 180 个已知的国家。我们的大脑是一整个世界，也许有一天我们的世界将如同大脑一样精确地整体运转。

脑沟

网状理论

在大脑中有商路，这些商路有自己的战略位置。字词的视觉识别区位于视听区的十字路口；至于韦尼克区，它位于颞叶皮层和顶叶皮层之间通向额叶的道路上（有点像位于瑞士、法国与德国之间的巴塞尔）。

然而，如果说大脑是一个世界的话，大脑上面还横亘着一些重要水道，这些水道就是将神经元连接起来的白质束。通过一项大脑成像技术可以观察这些水道：弥散张量成像，或纤维束成像。弥散张量成像可以识别遍布大脑的咸水水道，神经元借助这些水道彼此相连。大脑中河流密布，其中的大部分河流在出生后不久就固定了，但其航线可以重新安排，这样就构成了新的地图。

两位现代神经科学的奠基者，圣地亚哥·拉蒙·伊·卡哈尔和凯密洛·戈尔吉，因为在大脑组织学方面的研究同时荣获 1906 年诺贝尔生理学或医学奖。然而，他们对于大脑组织的看法针锋相对。拉蒙·卡哈尔坚持所谓的"细胞"理论，根据该理论，大脑由独立的、彼此分离的细胞组成，今天人们称之为"神经元"或"神经胶质细胞"。这些细胞一般是通过被称为"突触"的化学或电子连接交流。而戈尔吉则坚持所谓的大脑"网状"理论，根据该理论，大脑形成了一个无膜阻断的液体连续体（被称为含胞体的组织）结构，这是很有可能的，因为我们的骨骼肌纤维就是这种结构。

尽管今天人们认为戈尔吉错了，但他的理论对理解大脑来说仍然十分形象：事实上，人们可以把大脑看作一个河流纵横的世界。每一项可复制的技能——弹钢琴、从设置了许多小突起的高坡上滑下、开车、唱歌、解一道有部分偏差的微分方程、说中文或者画画——都对应一条大脑中的河流，在许多人的大脑中这条河常常是一样的。因此，阅读之河取道一条被称为"弓状束"的支流，该支流连接颞叶和顶叶交界处的韦尼克区与前额叶处的布罗卡区。

共识主动性

我们越是通过修正来强化一项技能，与该技能相关的河流越是波澜壮阔。例如，学习阅读主要强化的是弓状束。虽然阅读对大多数人来说都是大致相同的思维方式，但某些技能可以产生截然不同的大脑河流。这是神经工效学多种多样的应用之一。

涉及跳高这项运动时，人们可以采用至少两种完全不同的姿势：或是剪式跳高，或是背越式跳高，背越式跳高似乎更加有效。事实上，在1968年的奥运会上，迪克·福斯伯里以惊人的一跳证明了他所有同伴们的跳高姿势都不是最好的，尽管他们自己认为是。同样，我们的各种技能所依据的大脑河流不一定是最理想的，吕迪格尔·加姆那样的奇才在计算方面向我们证明了这一点，纳尔逊·德利斯在默记方面提醒了我们这一点，等等。

通过为人们的各项技能找到最佳路径，我们将显著改进我们的"大脑水文学"。我们随后可以通过不同的方式巩固这些新路径（例如通过经颅直流电刺激），并且——更重要的是——使之成为人类所共有的。

在复杂的系统科学中，大脑河流是具有"共识主动性"的河流，也就是说它们是"独立"存在的有效路径。这个术语由"协同作用"和"stigma（信号）"合并而来，出自生物学家皮埃尔-保罗·格拉塞。共识主动性最典型的例子是蚂蚁群为工蚁自动计算有效路径的方法。蚂蚁们在地上留下信息素，在其制约下沿着气味最大的路线走，该路线恰巧也是最为繁忙的路线，因此往往是最短的路线。

如同现实中的河流一样，大脑河流也具有"共识主动性"，遵循一条"最省力的"路径。然而，如同轻微的地形变化就能使一条河流的动态发生巨大改变一样，小小的不同也会极大影响我们大脑的河流。

我们已经知道神经分布灌溉着我们的身体，如同血液以有形的方式为身体输送养分，神经系统以无形的方式向身体输送信息。这些遍布我们机体的信号河流鲜为人知，以一种我们还摸不清的方式相互影响。最近人们发现大脑拥有一个淋巴系统[1]，这是一项在五年前还会受到嘲笑的科研成果。人们还发现迷走神经在帕金森病的出现中起着决定性作用。被切除了迷走神经的病患不大有可能或者没有可能得帕金森病，这令人十分惊讶[2]。

---

[1] 卢沃，斯米尔诺夫，凯斯等，《中枢神经系统淋巴管的结构性和功能性特征》。

[2] 斯文松，霍瓦特-普霍，汤姆森等，《迷走神经切断术与后来患帕金森病的风险》。

我们的大脑是为行动而设计的

神经元与运动

关于神经元还有许多东西有待我们发现。人们在很长一段时间内一直认为神经元的起源在进化中是独一无二的，而其作为细胞的产生则有几种不同的可能起源。但是今天我们对神经元最主要的直观感觉是神经元首先是为运动服务的。事实上，神经系统对需要运动的多细胞生物有用——因此简单的水母也需要神经元来协调自己的移动。

我们的中枢神经系统是大量脊髓，由于基本动作的控制先天地不需要皮层，脊髓上面的部分变得多余，于是演变成了大脑。大脑和脊髓本质上是运动系统，思想——正如亨利·柏格森所认为的——也是一种运动形式。我们已经看到大脑可以利用来自小脑的神经元服务进行心算。然而这一现象是普遍的：抽象思维来自围绕运动发挥作用的细胞。我们的大脑是为运动设计的。

植物没有大脑，但这并不意味着植物没有认知力。一切生命都拥有认知力，正如美国心理学家威廉·詹姆斯所说的："一些在智力等级上处于低端的生物也能想象，只要它能意识到同样的体验就够了。一只珊瑚虫可以是一个概念思考者，如果'嘿，你好，我以前见过的什么东西'这种感觉出现在它的意识中的话。"例如，按照詹姆斯赋予的含义，我们的免疫系统是一名概念思考者，因为它能认出自己见过的病原体。如果我们能使它改变认知范式，让它明白流感或艾滋病的病原体——这些病原体变化太快以至于它理解不了——事实上是一个病原体，我们就能治愈这些传染病。但在免疫教育方面,我们要学的东西还很多,从这里也能看出,认知工效学是一个开放的领域。

植物拥有比我们长期以来认为的(在我们作为人的狂妄自大中……)先进得多的认知力。但植物没有神经元[1]。相反,我们受神经支配,因为我们不得不主动寻找食物,并且主动躲避将我们视作食物的有机体。我们的思想来自运动,它就是一种运动。神经元首先用于确定一个运动空间——一套可能的动作,随后确定一个思想空间——一套可能的思想,而我们对这个思想空间还知之甚少。

运动空间和思想空间

然而,在探索和释放我们的潜力方面,动物们给我们上了一课。它们通过试错,最终在身体或智力方面做出了令我们难以置信的动作。例如生活在越南的金花蛇,能从一棵树跳到另一棵树并且滑翔一段距离,这段距离最长可达 100 米[2]!又比如黑曼巴,能以每小时超过 30 公里的速度贴着高高的草疾行,大部分蛇还会在水面上或水下游泳。这些可能的姿势、运动空间的可能的状态,是蛇通过试错找到的,它们就在这大自然的典型姿态中,这使得大自然与人类经济的区别如此之大,也解释了大自然的持久性:不惧怕未来,不遗憾过去。而人呢,他不允许自己进行某些精神领域的探索,同侪压力促使他安分守己。但如果我们自由地探索一切状态,探索我们思想空间中一切可能的运动,各种巨大的可能性将展现在我们面前——新的大脑河流、

---

[1] 然而,对动作进行协调以捕获昆虫的肉食植物拥有越来越类似于我们神经元的细胞。

[2] 索哈,《运动学:天堂树蛇的滑翔飞行》;霍尔登,索哈,卡德维尔等,《天堂金花蛇的空气动力学:钝体横截面形状如何有助于滑翔》。

新的智力活动。

　　一条蛇能够滑翔，直立的狗可以打开房门或者使用遥控器，小鸟会计算，一只章鱼能够创新并传递自己的知识……那我们的大脑呢，它能做什么？

　　　　　　　　　　"有一个大脑很难，是吧？"——让·亚纳

　　　　　　　　　　"做一个人最难。"——理查德·弗朗西斯·伯顿

2. 神经工效学为知识经济服务

阿尔·戈尔以在比尔·克林顿竞选和担任总统期间宣传"信息高速公路"而出名——该术语一下就点明了这一新型的基础设施之关键。后来发起"脑计划"的贝拉克·奥巴马想要"赶在所有人之前投资最棒的想法",他做到了。美国比当时其他任何国家都更坚持和更真诚地对待信息高速公路,这使美国在相关技术发展中占得先机。的确,美国对这些技术做出了贡献(通过他们对分散各处的信息基础设施的军事研究),但在这一发展中,欧洲同样证明了自己的卓越,尤其是因为 CERN(欧洲核子研究组织)。

为了一个全球大脑

信息基础设施,就是海底电缆、卫星、光纤、量子计算机,等等。我们拥有它们,尽管它们在分布的密集度、广度和自身功率方面将不断演进,例如 O3b Networks（另外 30 亿人口的网络）项目[1]。历史将告诉我们这些相对集中的项目是否有效，还是会被兴起于民间的自下而上的种种倡议所取代。

事实上，这些项目和倡议没有哪个是大公无私的，这样说来，印度拒绝 lnternet.org 并不令人惊讶：Facebook（脸书）发起的这个项目基本上被穆迪政府看作入侵。今天，夏威夷已经是一个巨大的海底电缆丛，也是太平洋最大的海底电缆丛之一，它受到美国国家安全局高度的秘密监视，美国国家安全局给它装了从国际法的角度看不合法的传感器。

虽然我们拥有信息基础设施，但我们缺乏知识基础设施。人类——正如尼古拉特斯拉所预料的以及劳伦斯·戴维斯和内德·布洛克等哲学家后来争论的——正在形成一个巨大的集体大脑。这一形成的过程还远未结束。人类的多细胞生活始于新石器时代，但"人类一家，不可分割"的想法事实上始终没有实现，尽管这一想法在数千年中得到众多圣贤的维护、被刻在联合国万国宫的墙上、能在伟大的萨迪·设拉兹的诗句中被读到。不同阵营继续针锋相对，只属于人类营的人少之又少。如果说今天的人类是一个大脑，那么这是一个孕育中的大脑，因为这个区正在攻击那个区，那个区试图支配另一个区。但这个全球大脑仍然在形成中，其中的每一个人都能在充分成长中发挥自己的作用。

正如我们看到的，在神经元及神经元系统的进化中，神经细胞先于神经胶质细胞出现，神经胶质细胞增强了神经细胞的个体和集体效能。在这方面，人类的信息系统在某种程度上可被比作我们全球大脑的第一代神经元。然而，其神经胶质细胞属于另一个方面，即知识基础设施方面，它不但能够迁移信

---

[1]　另外 30 亿，指的是"在 2016 年没有机会访问互联网的另外 30 亿人"，他们得到谷歌和汇丰银行等公司或者 Facebook、三星以及其他公司的 lnternet.org 项目的支持。

息，还能够迁移知识。这个世界的神经胶质细胞就是神经工效学：以一种易消化、易接受、高效率的方式呈现知识的技巧。

迁移信息，创造知识

信息和知识不是一回事。信息是点状的，知识是可循环使用的。例如，有一天某个人掌握了一条信息，在连绵多少公里的森林后面，有一座城市，那么在另一个时间，该信息不一定是正确的。相反，如果一个人会生火，那么在任何时间他都会生火。

信息与知识之间的界限并非总是清晰明了。以阿莱西亚围城战为例：知道恺撒修筑的城墙上有一处弱点，骑兵能够通过这个薄弱之处逃脱包围，这属于信息；知道罗马人如何修筑起他们的城墙，这属于知识。不过，今天不再有罗马军队了，该知识未能经受住时间的考验。

因此，知识与信息的根本区别在于知识是可复制的。一般说来，间谍机构更多的是专攻信息而非知识。当了不起的间谍理查·佐尔格告诉斯大林日本在莫斯科沦陷前不会对苏作战时，他传递的是信息，因为不可复制。知识属于广义的实验，需要行动——在数学范畴中脑力方面的行动以及在其他领域中身体方面的行动。总之，知识是认知的问题，它来自被认知的事物，因此是生机勃勃的，目前是电脑所不及的[1]。

信息基础设施属于电脑与电脑的通信范围，例如光纤。知识的基础设施则属于人脑的范畴。这是完全不同的。当一只联网的新型手表每秒下载更多

---

[1]　但由于基因算法能够学习和使用知识，我现在所写的在不久的将来极有可能被推翻。

的内容时，它是通过信息基础设施做到的。但在信息价值链中，这最后一米，是机器与人脑之间的距离。该传输属于神经工效学的范围。知识的基础设施是符合神经工效学的。但鉴于我们对传媒-大脑一致性太不了解，有如此不发达的知识基础设施并不奇怪。

在信息高速公路之后，我们应该发展知识高速公路。由于我们还不能"将知识印入大脑"——尽管这很快就会成为可能——我们应该利用进化在其实践过程中发展出的感官渠道来获取。我们向感官展示知识的方式能够大大影响我们对知识的接收、理解和记忆。而这正是我们所需要的：更好地传递知识的方法。

事实上，今天我们所创造的知识比我们能够传递的知识要多得多。这个问题既涉及国家和跨国公司，也涉及中小企业、学校和家庭。弄明白我们的子女或父母都知道些什么对思维活动的一作来说太过困难。同样，我们必须作为一个团队来学习，这刻不容缓。你无法想象大脑会把知识局限于一个神经元，因为大脑的知识系统是由一群神经元承载的。当知识的功能统一体是人的集合时，人类的大脑将知识局限于一个人将是不可思议的。我们的学校还看不清这一现实：人类所拥有的最卓越的智慧是集体的智慧。对于大脑中具有重要性的一切，神经元都是以团队的形式开展工作的；对于人类历史上具有重要性的一切，人们都是以团队的形式开展工作的。

苏多普拉托夫原理

实际上，知识经济是最古老的经济。人类早在交换工具、植物或财产，发明农业、以货易货或货币之前就在交换知识。今天，世界上最富有的公司——苹果公司——主要出售知识；巴格达在向全世界出售知识的时代比出售石油的时代更容易摆脱苦难。同样，今天韩国的出口远多于整个俄罗斯，而韩国没有任何资源可出售。知识经济的好处就在于潜在的知识是无限的。所有有形的东西都是有限的，而潜在知识是无限的，因为它是无形的。在有限的物质世界不可能实现无限的增长；而在非物质的世界则有可能，这是"无形资产不竞争"原理，或者——在企业中的——"苏多普拉托夫"原理。这是以制图员塞尔日·苏多普拉托夫的名字命名的，他于 1984 年在 IBM 时提出了这一原理："当人们分享一项有形资产的时候，会将其瓜分殆尽，当人们分享一项无形资产的时候，会使其增多。"一本书的价值不在于其纸张，而在于其文字。

我在我的书《知识经济》里梳理了一些简单的规则以使知识经济容易理解，尤其是其基本特性中的两个。

首先，知识是增殖的。跟兔子一样，知识的繁殖速度很快，全世界的知识数量快速翻倍——大约每七年其数量就会增加一倍（但不是其质量），也就是说在人们只计算所有领域的所有问题总量时。

其次，知识是集体创造的。真理是一面打碎的镜子，每个人拥有其中的一小片。由于我们有自我，我们倾向于认为自己的那片真理代表全部真理，或者至少比旁人的那片大，如果我们交出这片真理，我们将丧失社会地位。

知识的交换至少遵循三项规则。首先，其总和为正，因为分享一项有形资产是瓜分该资产，而分享一项无形资产是增加该资产。如果我给你 20 欧元，我就不能再把这 20 欧元给其他人了。相反，如果我向某人传授这本书的知识，我还可以把该知识传授给其他人。其次，知识的交换要花费时间。在金融市场上，产权的转让是一瞬间的事，以至于今天存在高频交易，其法定限制是纳秒[1]，但拿这本书举例，你不能在十亿分之一秒的时间里读完它……总之，知识的结合并非线性的。如果我们把一袋大米和另一袋大米放在一起，我们将得到两袋大米，这就是线性的。但如果我们把两种知识放在一起，就会产生第三种知识，这是自古以来人们就知道的规则，亚历山大、帕加马之类的大型图书馆由此而来。

所有人生来就具有购买力

人们可以列出简单的方程式来确定知识通量。要购买一项知识，必须支付注意力乘以时间。从经济的角度看可以简单写作：

$$\varphi(k) \ \alpha \ At$$

这表示"所交换的知识与注意力和时间的乘积成正比"。这个方程式具有局限性，但仍然很能说明问题。该方程式使我们能够以购买力为理论来创建一种知识经济学。美国经济学家贝克和达文波特很清楚存在一种注意力经济[2]。今天，信息过剩，而注意力越来越有限。吸引注意力很值钱。这就是为什么当人们想购买知识的时候，必须支付注意力乘以时间——英语说法"pay attention"由此而来。在知识经济中，购买力的单位不是时间，而是At——可以记作@，指一种经济的"外币"——即一小时的"全神贯注"。

---

[1] 这意味着人们可以在金融市场上以每秒钟十亿次的频率交易一袋大米。

[2] 达文波特和贝克，《注意力经济：了解新的交易货币》。

全神贯注是一个相当容易理解的概念：当你因为读一本书而在地铁上坐过站时，你就是全神贯注的。

At 因此是知识经济学中最基本的购买单位。为了将一项知识装入大脑，必须花费注意力。从大脑的角度看，可以更准确地写作：

$$\varphi_i(k) \; \alpha \; A(t)$$

即"知识的瞬间流量与随时间变化的注意力成正比。"

在知识经济中购买力用注意力来计算，这一观点影响巨大。首先，这意味着所有人生来就具有购买力。索马里的青年并非生来就有 1000 美元，不过即使他还没有得到进入知识市场的保障，他一出生还是会拥有注意力和可支配的时间。如果计算"零花 At"（供个人消费的 At）的月收入，似乎在知识经济中，失业人员比就业人员的收入要高。

此外，如果将一个常规超市与一个知识超市进行对比，可以看到两点主要区别：当我去逛一个常规超市但什么钱都没花的时候，我们的购买力没变；但如果我在一个知识超市里花费了一小时但什么都没买，那我便失去了一小时，因此花费了 1At。在知识经济中，购买力是不可储蓄的。

此外，在常规超市中，营销激起最大欲望，限制购买的是资金。在知识超市中，正好相反。欲望驱动你把 1At 花费在娱乐而不是学习上。这意味着还应设计一门知识营销学，使得在严重供过于求时激起购买某种东西的最大欲望[1]。

---

[1] 情况正是如此，原因是世界知识大爆炸：虽然我们创造太多的知识，但还应激起人们消费这些知识的欲望。

吸引 At

知识营销学属于推广普及和神经工效学的范畴。然而，人们在消遣时，人类工效学的效果达到最佳状态。游戏在吸引 At 方面很强大。当一个电视频道想让观众注意它插播的广告时，它播放什么呢？娱乐节目。例如足球或游戏节目。但事实上，花费 At 最多的是人们自己所热爱的而非上瘾的东西——热爱一定上瘾，但上瘾不一定热爱。当我们爱一个人时，我们想把自己的所有注意力和时间都给他。因此，知识经济必然使爱恋者的购买力最大化。如果你想使自己在某个主题上的知识流量最大化，那么尽量热爱这一主题，因为只有这样才能保证你大量花费注意力和时间。知识经济是一种愉悦和热爱的经济，达·芬奇和维多里诺指出了这一点：没有热爱就不会卓越。

即使没有热爱，仅从上瘾的角度说，游戏仍然很吸引 At。超级碗的一场比赛就比大学几年所吸引的注意力和时间要多。因此一名橄榄球运动员挣的钱比一位大学校长多，因为人们的注意力和时间是可以用金钱衡量的。电子游戏也吸引着大量的注意力。从 2004 年到 2014 年，所有人玩《魔兽世界》游戏的时间合计超过 700 万年。结论：如果说知识比石油更贵，那么电子游戏比输油管道更贵。

我所写的方程式远未包含所有可能的情况。这些方程式只反映了相当单纯情况下的某些学习状况，在这种情况下获取知识者对他所探索的领域一无所知（看一个 DIY 的教学视频，发现维基百科的一个新网页，等等）。在其他一些情况下，新输入的知识与已经存在的知识相互影响，产生共鸣，这种共鸣比前一个例子中的情况更有趣，更意外。因此，为了使方程式更细致一些，可以写作：

$$\varphi_i(k) \propto A(t) + Syn(k, t)$$

Syn(k, t) 表示一段时间里新输入的知识与学习者原有知识的协同作用。这种协同作用可以是建设性的（如果我已经会用钻机了，我将更好地理解视频上的修理指导），也可以是破坏性的（如果我是使用燃油汽车的专家，电动车的规则将颠覆我的认知）。如同两波交会会产生破坏性干扰一样，新知识可能与以前的知识发生冲突，相互破坏。这就是所谓的"认知失调"。由此产生了一个方程式，这个方程式可能更具概括性，却没有很好地被理解，因为我们对认知共鸣科学掌握得不多。

$$\varphi_i(k) \propto A(t)(Res(Sp, Ev))$$

或者："知识的瞬时流量与注意力乘以大脑自发活动和触发活动的共鸣——Res (Sp, Ev)——成正比。"

德阿纳以及其他很多人已经证明，这种正在进行的大脑活动与某种刺激的进入之间的共鸣控制着意识入口。

简而言之，我们的知识经济学模型只是实用但可改进的雏形，在某些更复杂的情况下没有得到证实，这有点像在流体力学上的线性模型和湍流模型，但在现阶段需要记住的是，注意力乘以时间是购买知识的最基本的货币，并且当人们喜欢他所学习的主题时，支付的意愿就达到最大化。

鼓励花费

想要购买知识的人就像餐馆里拿着一张没标价格的菜单的顾客。这种情况无助于消费。如果我们能按照以 At 为单位的价格（根据在全世界已知的平均花费情况计算）给所有可能标价的知识贴上价签，我们就将建立一个巨大的大脑应用商店，其中的各种应用如"会弹钢琴""会画画""内科学"或"驾驶飞机"都有一个随时间变动的价格，就像财产和服务的价格一样。这样一来将形成世界范围内的广泛竞争，结果是降低知识的购买价格，同时改变其交付方式。

没有任何东西能阻挡人们集中注意力，不论是技术的还是科学的，这是重要的一课。与其像古埃及神职人员那样把科学局限于在一个依靠血缘关系的特权阶层，不如向大多数人开放科学，不怕尝试和出错，以使在学习中花费的 At 最大化。

开放科学的实践者们十分清楚这一点。此外，他们注意到，某些最有才智的人没能解决的难题通过数量更多的低资历的人集体倾注 At 的方式得到了解决。

如果人们可以制造 At 激光器，我们就能集中大量相互协调的注意力和时间，这会在某个特定问题上产生积极共鸣。这些 At 激光器是知识经济和知识地缘政治的基本要素。它们在科学上更加有效，但没有粒子加速器那么贵，能够在特定情况下或在长时间内将人们的注意力和时间集中在具体问题上以创造巨大的经济价值。

能制造出上述 At 激光器的样机并投入使用的人将改变世界。

蒂姆·伯纳斯-李在 CERN 中设想的朴实无华的超文本传输协议（著名

的 http）自 20 世纪 80 年代末制定以来，比 CERN 本身对世界科学的贡献更大，然而 CERN 得到的公共投资却更多。因此，如果说知识经济中购买力的基本单位是 At，那么应花费的首先是 At，因为对研究来说 At 比金钱更重要。无论如何不应只让精英花费 At，相反，我们应鼓励大众花费 At，作为分散的但被引向科学目标的公共开支。

在知识经济中，惊叹是一个宝贵的动力，不论是在研究中还是在学习中。有些人对自己不再惊叹感到自豪，这个群体以为专业人士不会再惊叹并且厚颜无耻地想让同伴或新人们认同这一点，幸好这个群体正在消亡。应该鼓励惊叹，如果说哪个国家如今正有意识地投资于科学惊叹，那就是美国。法国似乎觉得科学惊叹是庸俗的、不专业的、不恰当的。支持"哇"效应对我来说没什么困难，因为我是从一个"庸俗"堪比传媒的渠道得知"哇"的力量的。

职业演讲人菲尔·沃克内尔向我揭示了一个成功讲座的三个阶段：

该死，我居然不知道这个！

我很高兴知道了。

我想知道更多。

我记得他是怎样强调第三点的："尤其是，伊德里斯，别在最后一个阶段搞砸了，否则讲座对听众就没有帮助，因为你扼杀了听众想知道更多的欲望。"

你必须唤起别人的食欲，不要为此感到羞愧。绝不要对自己的惊叹感到羞愧，绝不要以为专业人士就是不惊叹的人。

3. 在教育领域

知识美食学

自助餐地狱

想象一下你身处一家奢华的酒店，正面对着自助餐台上可随意取用的菜品。你人生的自助餐台上——烤肉、蔬菜、沙拉、鱼子酱、海鲜、寿司、五香烟熏牛肉、熟奶酪、新鲜水果——应有尽有。有些菜新奇而令人垂涎，还有一些菜看上去奇怪，却因为有名厨加持你也意欲品尝。总之，你现在饥肠辘辘。许多人会觉得这是"天堂"。

现在，想象一下主厨突然现身，大喊道："你必须全部吃掉！剩下的每一盘菜都要计入账单，你要付钱的不是你吃掉的，而是你没吃，如果原封不动的菜太多，不仅账单上的金额令人咋舌，你还会被赶出酒店，颜面扫地，成为笑柄！"随后，主厨拿出表来，以决定命运的口吻补充道："你有一个小时！有人在你之前做到过，因此我们知道这是有可能的。"现在，你不再身处天堂，而是掉进了地狱。

自助餐没变，改变的只是游戏规则，我们就从天堂掉进了地狱。谁曾通过这场考验？根据推断，没有人。如果你被迫飞快地吞下餐台上的所有食物，你对食物的感觉会彻底颠覆，恐怕经过几年的治疗也恢复不了。然而，我可以向你保证这个噩梦我们全都经历过，而且不是在某一天，而是在成千上万个日子里。这种经历叫作"教育"。

我们所谓的"传统"教育并不怎么传统，它是工业化的，就是这样。苏格拉底、柏拉图、孔夫子、达·芬奇或维多里诺并不像我们这样教书育人，但由于我们的代际记忆太短——最多六代，所以我们会以为拥有一排排桌子和黑板的学校才是最传统的学校。然而，此种学校的存在不超过 10 代人的时间，而人类已经历经了至少 8000 代，并没有依靠这样的学校来传播知识。

现今的教育方式产生于工业革命，以工厂的意图为导向，其基本美德是服从——没有创造性，没有个性，没有对知识的热爱，没有充分发展。全都没有，服从高于一切。

充分发展的缺失

教育是为了什么？是为了国民幸福总值，还是为了国民生产总值？我们全都知道这个问题的答案：所希望的学校是让人充分发展的学校，被强迫去上的学校是具有经济效用的学校。充分发展高于经济效用。任何得到充分发展的人在经济上都是有用的，但在经济上有用的人不一定得到了充分发展。我们的社会，唉，在充分发展方面做得很失败，由于充分发展从来就不是社会的目标，所以这一失败更显得毫不起眼。由于在人生意义和充分发展方面存在巨大的空白，我们的社会认为每一万名社会成员中就有那么多人自杀是正常的、不可避免的，甚至对这个统计出的数字毫不吃惊。

在日本每十年就有超过 275 000 人自愿结束生命。这相当于一座斯特拉斯堡[1]那么大的城市的人口。在中国，每十年有 280 万人自杀——相当于一座巴黎那么大的城市的人口。我并不是说教育是导致这些悲剧的唯一原因，但如果自杀公司是一个上市公司，每个季度公布一次这样的残酷数据，那么教育毫无疑问是它的一个大股东。人们在确信自己不适应社会时会自杀。在原始时期的部落里，每个人都先验地被认为是适应的。但在现代社会中，适应并非与生俱来。例如，在学校中，如果你不适应系统，那么应受谴责的是你，而不是系统。这很荒谬：人建造系统为自己服务，而最终却屈服于系统。这种情况在历史上不断重演。

以法国为例。最初，上学被看作令人讨厌的义务，这样认为的不是孩子而是他们的父母！对孩子们来说，学校其实很吸引人：在绑好一捆捆干草与学习恺撒大帝的历史之间，算术很快被学会，而正是那些打心眼里反对子女接受教育的父母们认为这是浪费时间。然而，由于今天的学校在吸引学生注意力的技巧方面没什么进步，学生在互联网媒介与学校的课程之间做出了自己的选择。当然，赢的不是课程。以前让父母们讨厌的上学义务变成了孩子们讨厌的义务。

从学校不再适应人而是人适应学校的那刻起，果子内部就长虫了。还是用自助餐台来做比喻。在学校，我们获得的分数不是针对我们所吃的，而是针对我们没吃的。在一份批改过的作业上，我们看到的红色部分是我们所缺

---

[1] Strasbourg，法国东北部城市，是重要的内陆港口，经营酒、铁矿及钾碱产品贸易，有化学、炼油与纺织工业。

失的，而不是我们所掌握的。因此，我们在制约中成长：我们首先学会发现我们欠缺的。正巧，我们的社会就建立在该模式上：强调欠缺而非充实，永不满意而非单纯的满足，否定而非肯定，等等。

在法国，获得 20/20 分，就相当于吃完自助餐台上的所有食物，但一般没人能得到这个分数。如果我们留下太多整盘的食物，我们就不及格，进不了上层社会，颜面扫地。教育为我们进入社会做准备，教育越是粗暴、令人紧张和痛苦、使人灰心和抹杀情义，我们的社会就越会表现出暴力、紧张、痛苦、灰心和个人主义。当每十年就有 1000 万人——相当于一座首尔那么大的城市——决定自杀时，错的不是他们，是他们所处的不完美的社会。做人绝对没有什么不好的，但人性并非与生俱来，而是需要以长久不断的热爱和警醒来浇灌。

"Self-Explo-Des" 理论

关于自杀，我提出过一个理论："Self-Explo-Des"，字面意思是"自我爆炸"或"炸毁自己"。

"Self"是"Self Image"的缩写，意思是"自我印象"。如非自我印象不好，人们不会自杀。然而目前的教育总是试图展示我们有多么不对它的胃口，因此会更多地让我们看到自己的负面形象而不是正面形象。

"Explo"是"Exploration"的缩写：如果还有探索的欲望，人们是不会自杀的，从认知意义上说，探索是指渴望做不同的事，去从未去过的地方。但探索基本上受阻于害怕失去、害怕冒险，教育把我们局限在受到控制的、设置了路标的环境中，宣扬审慎而不是创新，从而鼓励我们去担心这个担心那个。现在的学校并不鼓励探索，因此它没有资格给探索打分。学校局限于手段逻辑而非结果逻辑，以至于手段优先于效率，而最受重视的手段是分数——尽管分数不能反映创造力。

最后，"Des"的意思是"脱离社会"。人们印象中学校的主要使命是让学生适应社会，但没有迹象表明这是事实。可以肯定的是，在学校考试中交换知识，这是作弊，而在真实生活中，这叫合作。教育专家肯·鲁滨逊准确地判断了这一大弊病。学校教我们无视团队，团结友爱在学校只是偶然事件，而且是发生在操场上和差不多同一等级的学生之间。学校教我们独自解决问题，告诉我们关于严肃的事不能信任团队。正因如此我们局限于盼望一位救世主。

如果说教育有意识地作用于 Self-Explo-Des 这三个方面，这在于教育的动机。正如在自助餐的比喻中，问题不在于教育"教什么"，而在于"为什么教"和"怎么教"。我们的部委和政府在"什么"（大纲）的问题上拿不定主意，顽固地坚持手段逻辑而非结果逻辑。方法备受遵从，人们连想都没想过很多问题源于这种对方法的遵从。他们认为让人的大脑那样巧妙、精细的东西进入只有两个世纪历史的初级管理工具——分数——没有问题。

我们落入了一种分数、标签和一维分类文明的陷阱，我们对标签存在强烈的条件反射，以至于如果哪天我们给可乐标上"波尔多名酒"，真的会有人把它当成波尔多名酒喝下去。然而，标签不过是现实的变形的影子。一旦你从大脑中去除束缚人们力量的标签，你将看到世界本来的样子，看到它的瑰丽多彩和难以捉摸。这是不可思议的解脱体验！

这一体验与我们能够从教育的地狱升入天堂的方式有关。不应该让现实进入我们的箱子、我们的类别、我们的分数，应该让我们的分数符合现实。那么教育是为了什么？答案是：为了工业，为了经济，为了那些需要合格零件的，商品化的，AAA，因此，教育的"如何"问题是紧跟着"为什么"问题而来的。为什么进行教育？为了工业，其中位置有限。那么，如何进行教育？以工业化的方式。

在填鸭式教育的学校：依赖的和服从的大脑

正如上文所说的，我们的教育模式是填鸭式的。有一个要吞下去的大纲，必须以教学进度表预先估计的速度吞下去。在这个系统中，学生的胃口无关紧要，胃口的出现只是偶然，不是源于教育意图，因为学校不是为了刺激胃口而设计的。在对大纲的标准化吸收中，任何迟缓当然都会受到惩罚。某些学生带着胃口来到学校——这样的学生很少见，他们最初的胃口常常变差了或者被单纯对分数的上瘾所取代，我们把分数成瘾说成一个优点，而实际上这是一个缺点——对其他人来说，神意审判将格外难熬。

如果你狼吞虎咽，囫囵吞枣，你会觉得难受，因为你非常聪明的消化神经系统将向你指出这一点。我们把我们的自主神经系统——尤其是消化系统——称作"第二大脑"，因为这是除"第一大脑"之外神经元数量最多的身体器官。如果学校强行填喂我们孩子的第二大脑，哪怕只有一天，我们也会感到愤怒，那么为什么认可学校对第一大脑做这样的事呢？

此外，我们的消化系统吸收食物的自然方式是愉悦的。吃东西对谁来说都不是一件苦差事，这是一个真实的、令人满足的时刻。那么为什么对我们天生喜欢学习的第一大脑来说就应该不一样呢？那么多人最终对知识感到厌恶不令人吃惊吗？作为幸免于这种集体厌恶的 happy few（少数幸运儿）是一种美德，一项成就吗？

全世界有那么多人厌恶数学这种在智力方面如此令人兴奋和具有刺激性的东西，这难道不奇怪吗？有些人会一眼就爱上数学，有些人会逐渐爱上数学，但绝不应该有人厌恶数学。以一种强行将学生排除在外的方式传授数学是对人类意识犯下的罪行，认为这种方式合乎道德则是更加严重的罪行。科学的小小一拃需要尽可能多的人投身其中，把科学变成一个精英俱乐部毫无益处，也不高尚。

对鹅进行身体上的填喂会得到什么呢？脂肪肝。那么我们期望从填喂学生中得到什么呢？脂肪脑，仅此而已——一个受约束的、依赖的和循规蹈矩的大脑。如果社会大量制造被塞满的、习惯了痛苦和沮丧的大脑，如何指望打造一个健全的社会呢？我们在孩子天生好奇的大脑中播下了什么呢？沮丧、焦虑、条件反射、服从、痛苦、禁锢。这些大脑中的一些会自杀或杀人，但所有大脑中最肥的将走上决策和权力岗位。

"多渠道"教育

现在，我们看够了地狱。那么，如何逃离呢？可怕的是，在我们所谓的传统教育中，教育并不适合我们的大脑。再说，怎么会适合呢？我们当初思考建立学校的时候对大脑几乎还一无所知。正如皮埃尔·哈比的巧妙比喻，如果教育是一个箱子，那么它是一个方形的简陋的箱子，不符合大脑的尺寸，却试图强行让大脑进入这个箱子，并且认为大脑不能在里面改造自己是一种过错。更糟糕的是，它让大脑相信在它之外什么都不存在。

符合人类工效学的教育是借助多种方式进行的，或者说是"多渠道的"。以狩猎为例。从大草原到冰河世纪，这种学习形式不断演变为嗅觉、听觉、视觉、移动、心理规划、脑力和体力的平衡与结合。在学校，正好相反：高贵的学习最不符合人类工效学，因为它是单渠道的。

对神经科学家来说，大脑是一个尚未得到充分研究的复杂至极的器官，将大脑塞进一个箱子就像是将一个价值两千欧元的长焦镜头扔进一个菜篮子一样漫不经心。在文艺复兴时期，一种类似的思想意识产生了。人的身体既优美又神圣，必须表现它，研究它，而不是让人体符合我们的标准。例如，达·芬奇等人意识到，不应强迫大自然与我们的思想相似，而应该提高我们的思想以使之与大自然相似，大自然比我们无知的陈腐印象丰富和复杂得多。

必须谦卑地承认我们的教育也是相当无知的，距离完美和神圣还很远，但教育事实上触及了某种神圣的东西——我们的大脑。有了这一摆脱一切教条和一切约束的意识就有了下面的箴言，该箴言同样神圣，在我看来是一下子将教育从地狱变成天堂的钥匙：

不应强迫大脑适应我们的学校，应该让学校适应我们的大脑。

与对待价值几千欧元的长焦镜头一样，应该让箱子适合装入箱子的贵重物品，而不是反过来，总而言之，大脑甚至不应被关在箱子里，无论箱子多么声名显赫、受到多高的评价和奖赏。大脑比哈佛、牛津或巴黎高等师范学院更加古老、可敬、神圣和高雅，应该是大脑给这些转瞬即逝的实体上课，而不是让大脑屈从于这些实体的形状。大学不过是知识的饭店。跟莱昂纳多·达·芬奇一样，人们可以为了在生命中大放异彩而放弃学校。相反，没有热爱就不会出类拔萃，正因如此，绝大多数顶尖大学的最优秀的毕业生渐渐被世人遗忘了，尽管智力超群，但他们已不再被爱所激励。然而，用热爱来交换服从是一桩十分糟糕的买卖。那么，既然教育在于重复（这是刺激，因为重复强化我们的大脑河流）：

不应强迫大脑适应我们的学校，应该让学校适应我们的大脑。

人们越是参详这一箴言，就越是有可能离开制约的洞穴。地狱消失，人们进入一个新世界，比我们离开的那个世界丰富得多的世界。如果人类是一个人，可以说在他人生的一到两个月里得了躁狂症。这种躁狂症就是工业。我们逐渐迫使我们周围的事物与工业类似：我们的学校、我们的社会、我们的城市、大自然、我们的整个环境都应该与这个新的上帝相似，这个不敢暴露其本质的上帝——工业——要求以人作为他的贡品。

五个奇思妙想之人

如今，与其强迫现实与我们的刻板认知相似，我们更愿尽力去理解现实。在教育领域，这新一轮的复兴有五个英雄，我称他们为"五个奇思妙想之人"。

第一个是肯·鲁滨逊，他明确强调了我们的"传统"学习的工业特质。

第二个是马修·彼得森，这位患有诵读困难症的神经科学家不使用任何语言，只利用电子游戏就成功地教会学生们数学，让他们在国家考试中取得了最好的成绩。然而，利用游戏教学正是杰出的心理学家简·麦戈尼格尔提倡的，而她就是我认为的第三个奇思妙想之人……

这一教学方式成功的理由很简单：玩耍是最好的学习方式。在冷酷无情的大自然中，任何错误都可能是致命的，所有哺乳动物都在玩耍中学习。对它们来说，玩耍，这不只是严肃的，还是攸关生死的。捕食者跟猎物一样，在玩耍中学习，如果说这一行为在哺乳动物中具有普遍性，那是因为它成功地历经了数百万年的自然选择。大自然在如此漫长的岁月中务实而明智地选择的这些天赋历经考验，我们在监考老师注视下做的小小练习与这些考验相比实属幼稚，而在此种教育中我们直接抹杀了这些天赋。

在神经科学方面，争论早已结束：我们的大脑只有在别无他法的情况下

才会在痛苦中学习，玩耍是自然的学习方式。为什么？因为游戏鼓励长时间
孜孜不倦的练习。

人们在知识经济中看到，两种最高形式的卓越是因热爱而卓越和因有趣
而卓越。这两种卓越自然而然地出现在那些围绕自己的实践为自己创造挑战
的人身上，比如那些以运动为职业的自行车赛手。在今天的学校里，我们既
不鼓励因有趣而卓越，也不鼓励因热爱而卓越，这两种卓越的出现只是偶然。
在大自然中，如果老虎幼崽不嬉戏玩耍，它们就不会猎取食物、保卫自己的
地盘或者繁衍后代。它们会死去。玩耍是健康的，是一种追求卓越的方式——
不断重复一项任务直至做到完美，这也是人们在模拟器上培训飞行员的原因
之一。正是出于同样的原因，警察们通过野战游戏进行训练，橄榄球被用于
对青少年运动员的战术训练，玩动作电子游戏的外科医生在腹腔镜外科手术
方面更加出色。[1]世界上有好几个实验室在研究通过游戏进行医疗培训以
及拯救生命的游戏。

例如，巴黎第五大学的 iLumens 实验室为学习心肺复苏术（按压心脏和
人工呼吸）开发了一款手机游戏。该游戏名为"活着"，因为比吉斯乐队演
唱的同名流行歌曲的节奏正好与心脏按压的节奏一致。游戏玩家一下子就能
牢牢记住，在实施时不会那么紧张。

不过，回到我们的"五个奇思妙想之人"这里。在肯·鲁滨逊、马修·彼
得森和简·麦戈尼格尔之后，还有西蒙·西内克和冈特·鲍利。营销专家西
蒙·西内克提醒说，我们身后并没有跟着一群群的崇拜者，我们用来吸引人

---

[1] 巴杜尔登，阿卜杜勒-萨马德，哈里斯等，《从玩任天堂 Wii 电子游戏的能力中可以看出
腹腔镜技能》；林奇，奥格韦恩和哈蒙德，《电子游戏与外科手术的能力：文献综述》；
罗森贝格，兰西特尔和阿弗奇，《电子游戏能够用于预测或改进腹腔镜技能吗？》。

们的问题不是"什么"和"如何"，而是"为什么"。他对狂妄自大的平庸政策毫不留情："看哪，他说，这些政客以及他们的五点计划，他们谁也激励不了！"对啦，马丁·路德·金发表的演说是"我有一个梦想"，而不是"我有一个计划"！言尽于此。如果说学校陷入了无休止争辩的泥潭，如果说学校积累的改革计划如同一层层沉积物和杂乱无章的备忘录，那是因为其政治阶级和应该治理学校的人没有提出恰当的问题。人们只争辩"什么"（大纲），勉强涉及"如何"（打分还是不打分），从不问"为什么"，然而"为什么"是教育的理由。应该重新将充分发展作为教育使命的核心。问题不在于打分还是不打分，而在于知道为什么和如何做。很多游戏是打分的，有一个最终得分。如果说我们觉得游戏很刺激，那是因为我们想要游戏而不是忍受游戏。在游戏中，是玩家要求打分，分数使得整个游戏更加有趣，更有吸引力。

我所说的第五个奇思妙想之人是冈特·鲍利，有些人称他是"可持续发展的史蒂夫·乔布斯"。这是当前复兴的一个重要参与者。在他的《蓝色经济》中，他断言"不是大自然应该像工厂一样进行生产，而是我们的工厂应该像大自然一样进行生产"。我们的学校已经变成了一个教育工厂，应该仿照大自然对其进行改革，在大自然中，知识流动是多渠道且符合人类工效学的。肯·鲁滨逊注意到，某些国家的学生白天待在户外的时间比普通法囚犯放风的时间还要少……跟他一样，我认为多动症病例的激增并不表示学生们病了，而是我们的学校和社会病了。但谴责异端分子正是极权主义的本质。

一致的知识

我所说的"五个奇思妙想之人"并不是单打独斗。全世界有成千上万人致力于复兴教育，比如，在法国有弗朗索瓦·塔代伊（Francois Taddei）和塞利娜·阿尔瓦雷斯（Céline Alvarez）。塔代伊在当代法国的大学中开设了第一门跨学科课程。塞利娜·阿尔瓦雷斯在不使用国民教育部强加的大纲和僵化方法的情况下，让她在纳维利埃幼儿园所教授的班级的孩子们取得了出色的成绩，而她的出色换来的奖赏就是受到行政部门骚扰，逼她辞职。

唉，许多政府部门宁愿事情因为他们的方法搞砸了，也不愿意看到事情在不使用他们方法的情况下成功了。在箱子和表格的宗教中，真正的异端邪说是逃离箱子，绕过表格。结果并不比手段更重要。我想提醒的是，没有国民教育部的瑞士拥有一个比法国优越得多的教育体系；德国学生每周学习数学的时间比法国学生少，而他们的 PISA[1] 分数却更高。一个小时不一定是一个 At：显而易见，德国人在数学上花费的 At 比法国人多，但时数较少。

如果你也致力于第二次教育复兴，那么你应该不断回想这一神经科学的基本常识：不应该是大脑服务于学校，而是学校服务于大脑。我们应该满怀激情、不知疲倦地向自己重复这一信息。目前，我们的学校仍在把我们变得具有依赖性、顺从、标准化、信奉个人主义并且紧紧抓住数量不放。

但就工业而言，学校有一个天然的巨大优势：学校很庞大。如同饮食的极端标准化使得餐饮行业可以服务数量庞大的食客、实现巨大的规模经济一样，知识饮食的极端标准化使得这个行业可以轻而易举地服务全世界数量惊人的食客，而我们的教育就是知识饮食极端标准化最成功的例子。这一点大家可不要搞错了。一排排整齐的桌子、不容商议的形式以及严密监督下的执

[1] 经济合作与发展组织（OECD）实施的 PISA 项目（国际学生评估项目），其目的是衡量成员国和非成员国学生的学习成绩。

行，我们目前的教育与最为大众熟知的知识饮食标准化方式相一致。

就法国而言，第三共和国的愿景在最终目的方面不容置疑：在帝国各处，从卡宴到边和，从达喀尔到凯尔盖朗群岛[1]，提供相同的教育体验（"我们的祖先高卢人……"）。19 世纪，国民教育先于星巴克、赛百味和麦当劳采用了特许经销权的方式，其目的是提供相同的体验，相同的知识三明治，如此制作和包装的三明治有着相同的验讫章和相同的质量标签。

然而这一标准化并未实现其目标。芒特拉若利的公立高中根本不提供与圣热内维夫山区的重点高中相同的教育体验，而布朗克斯和首尔江南区的星巴克提供的是相同的咖啡。但它们的目的是一样的：星巴克提供一致的风味，学校提供一致的知识。二者对于以标准化体验为目的丝毫不感到羞愧，只是星巴克达到了这个目的，而学校没有。此外，学校常常提供淡而无味的知识，悲剧正在于此。我们需要紧急设计知识美食学以摆脱我们的国民教育陷入的"快餐"模式——将自己的产品强加于顾客，不要求回报。

最好的学校是符合人类工效学的。莱昂纳多·达·芬奇和弗朗索瓦一世的例子在这方面令人受益匪浅。在这个例子中，学生是法兰西国王。因此达·芬奇必须找到一种方式来教这个学生，尽管他并不专心，他的种种特权、皇家狩猎、战争和宫廷的风流韵事都令他心不在焉。在这个教学案例中，学生的"至高无上"是一个有趣的因素，这使得最大限度地符合人类工效学成为可能：由于礼仪将学生置于老师之上，老师必须尽其所能向学生传授自己的知识。

然而，这种至高无上并不必要：达·芬奇、波提切利、米开朗琪罗和丁

---

[1] 卡宴（Cayenne），法国城市，位于南美洲大西洋沿岸，法属圭亚那首府；边和（Biên Hòa），越南城市；达喀尔（Dakar），塞内加尔共和国首都，位于大西洋东岸；凯尔盖朗群岛（Kerguelen Islands），位于南印度洋，是法国最远的领地。

托列托都是在文艺复兴时期的工坊学习知识的，在这些多学科、多层面和务实的工坊里（我们目前的 fab lab 不过是对这些工坊的滑稽重建），知识被置于背景中考虑，其传授也是出于实用目的，在这里，老师们——无论是谁——并不比学生的地位低。

不过，虽然在给国王当老师的情况下人类工效学会最大限度地被使用，但可扩展性——也就是无数次重复一次就能学会的东西的能力——最小。相反，在今天的学校，人类工效学的使用程度最小——标准化教学、单一渠道、具有强制性、缺乏主动性、没有直接的实用目的，而可扩展性最大。21 世纪的学校应该融合这两个方面的精华，提供一种既庞大又符合人类工效学的教育。大众人类工效学，这正像引人注目的 Duolingo [1] 那样的应用程序所实现的，就传授一门语言知识而言，Duolingo 比"传统"教学有效得多。

必须将快乐重新置于学校的核心位置。如果说我们的大脑强化了快乐的感觉并且快乐地运转，这并非偶然。在如今的学校里，老师跟学生一样痛苦。然而，在一所有益身心健康的学校里，老师们感到快乐，因为他们是知识的星级厨师，学生们感到快乐，因为他们享受美味并学习烹饪。

三个学校心理学实验

1. 习得性无助

习得性无助是不同时代施刑者发现的一种心理现象，但关于这一现象的当代科学知识是冷战时期确定的，确定这方面知识的既有公开在酷刑项目（委婉的说法是"经过改进的审讯"，米歇尔·奥迪亚尔将其定义为"针对谎言

---

[1]　一款学习语言的手机软件。

的治疗")的背景下从事研究的心理学家，也有在这些秘密项目与公开学术项目之间可能存在的交叉领域开展工作的更具争议性的心理学家（马丁·塞利格曼[1]是其中之一）。关于习得性无助的研究目的，不论在东方还是在西方，都是通过向囚犯反复灌输"抵抗是无意义的"这一无意识的信息，促使囚犯无条件地合作。因此，这是一项涉及心理战的研究。其概念如下：我们越是经历过一种不可控的情况，就越会觉得无法控制未来某种看起来与之类似的情况，甚至无法控制任何情况。所以史蒂夫·乔布斯才会说："当你明白你周围的世界是由一些不比你聪明的人创造的，你能改造它，那么你的人生绝不会再是老样子。"

体制会有意或无意地鼓励习得性无助，习得性无助实际上是一种不能做的态度，与美式习语"can-do attitude（能做的态度）"正好相反。如果我们的同伴对此感到麻木，习得性无助将更加强烈：同侪压力可能是建设性的（如果我能，为什么你不能呢？），也可能是破坏性的（如果我不能，为什么你能呢，就你？）。读者可以判断一下在法国同侪压力的现状。

虽然像马丁·塞利格曼那样的研究人员最初出版了他们关于习得性无助的论著，但那是根据狗对电击的反应研究撰写的。针对教师工作，最有说服力的是沙里塞·尼克松教授所做的实验，她证明了几十分钟足以在学校引发习得性无助（那么想象一下几年……）。尽管该实验比塞利格曼的实验简单，但它是可以复制的。

尼克松选择了一个由三十来个学生组成的班级，学生们知道她将做一个

---

[1] 马丁·塞利格曼（Martin Seligman，1942— ），美国心理学家、学者，积极心理学的创始人之一，主要从事习得性无助、抑郁、乐观主义和悲观主义等方面的研究。

实验。她让他们做下述测验：挨个找出 BAT、LEMON 和 CINERAMA 这些单词改变字母位置后构成的词，每次他们找到一个单词的答案时就举手示意。答案分别是 TAB、MELON 和 AMERICAN，难度递增（这一点有其重要意义）。然而，班上的三名学生被下了套，他们拿到的三个单词中的前两个是没法通过改变字母位置构成一个有意义的单词的（WHIRL，SLAPSTICK），最后一个单词则跟其他人的一样（CINERAMA）。实验结果令人灰心：当这三名学生看到全班都得出了前两个单词的答案而他们没有时，他们没能想出第三个单词改变字母位置后构成的词，然而他们是有这个能力的。他们相信他们没有能力完成这个练习。这种落后于群体的感觉令他们十分痛苦。

心理学家伊得利斯·沙阿说得对："你害怕明天？然而，昨天更加危险。"我们的大脑用我们过去的失败来影响我们未来的尝试，如果说一系列轻易获得的小小成功激励着我们日后的成功，那么一系列失败会令我们斗志全无。这是地缘政治学的一个众所周知的法则：俾斯麦在攻打法国之前，首先通过摧毁丹麦来激励他的军队；马苏德在阿富汗训练他的武装军团时，首先建议他们去争取容易获得的小的胜利。

这一人类学原则在法国教育领域没有得到严格遵守，由此形成了一种从失败和痛苦中学习的文化。我还记得我父亲的忠告："如果你想在大学里温习数学，绝不要使用法国书，使用俄国或美国的书。美国书从'1+1等于几'开始，一个成功接着一个成功地把你一直引到黎曼猜想。法国书从一开始就是陷阱。练习中处处是陷阱，难以捉摸，那书是想告诉你它比你聪明，过不了多久你就会合上它。"这种教育的傲慢并不是虚构的。即使在电子游戏行业也是如此，20 世纪 90 年代法国公司（例如有名的英宝格公司）就以制作比美国公司更难和更具惩罚性的游戏而闻名。

绝不应忽视 cognitive momentum，即学生的"认知动力"，绝不要以为破坏这一动力是一种美德。相反，应该培养学生"能做的态度"，让他相信他能取得成功。在充分发展方面，充满习得性无助感的公民将不如充满习得性力量的公民。然而，前者比后者更顺从；在充分发展与顺从之间，我们很清楚我们的社会选择了什么，更不用说我们的学校。

2. 蓝色眼睛和棕色眼睛实验

马丁·路德·金去世时，女教师简·埃利奥特想让她的学生们体验什么是种族主义，她依据的是苏人[1]的祈祷："噢，主啊，别让我评价任何人，除非我先穿上他的鹿皮靴跑上一里地。"埃利奥特的评论是："当白人聚在一起谈论种族主义时，他们只是在体验共同的无知。"

在征得学生们同意的情况下，她把班上的学生分成两组：一组是"蓝色眼睛的"，另一组是"棕色眼睛的"，这些学生的平均年龄是 8 岁。第一天，蓝色眼睛们被指定为高人一等的一组：她给那组更多的娱乐时间、更好的进餐条件以及使用新运动场馆的特权，毫不含糊地宣称这些特权源于其智力和种族优越性。埃利奥特给另一组制作了棕色的领子，让那一组有着棕色眼睛的孩子们自己戴上，作为他们的明显标记。她让蓝色眼睛组坐在教室前排，让棕色眼睛组坐在后面。当然，蓝眼睛们得到的鼓励是只跟自己同组的人玩。

一开始，蓝眼睛们对自己高人一等的念头有所抗拒，但埃利奥特借助虚假的科学结论——例如，"科学证明了眼睛的色素沉着与智力呈反比"——消除了他们的抗拒心理。在很短的时间里，棕色眼睛组的学生成绩一落千丈，尤其

---

[1] 北美平原印第安部落的联盟，亦称达科他人。

是数学成绩。学生们的个人行为发生了改变：蓝色眼睛们变得居高临下、目空一切、残忍暴虐；棕色眼睛们则隐忍、悲观、顺从。

随后，埃利奥特变换了两个组的角色，让蓝色眼睛的学生戴上耻辱的领子。然而，她没有看到曾经受到歧视的那一组表现出明显的优越感。虽然少数时候蓝色眼睛和棕色眼睛实验被认为对减少种族主义作用不大[1]，但其前提——"穿上别人的鹿皮靴"——在科学上得到了另一项实验的证实，这一次是虚拟现实的实验，在实验中，研究人员"让人换上一副黑人的皮囊"[2]。

3. 皮格马利翁效应

该效应广为人知：当教师预言一名学生将会出色时，该学生会变得出色；当教师预言一名学生将会糟糕时，该学生会变得糟糕。正因如此玛丽亚·蒙台梭利在她那个时代确立了一项职业道德准则：教师应避免对一名学生有坏的看法（因为心理态度，即便是有意掩盖，也会暴露在肢体语言、反应时间等方面）。她担心这一简单的想法，再加上可能的习得性无助，会产生纠缠学生们整个学习生涯的消极刺激。

勒诺·雅各布森和罗伯特·罗森塔尔在 20 世纪 60 年代所做的实验阐明了皮格马利翁效应。在该实验方案中，研究人员对加利福尼亚一所小学的学生们做了智力测试，但没有把测试结果告诉他们的老师。他们从中随意挑选了几名学生（大约五个中选一个），对老师们说这些学生是最有竞争力的。为了能够进行对比，研究人员测试了几个班级，一些班级有"假的出色学生"，

---

[1] 彼得森，沃克，拉普雷等，《通过告诉人们什么是种族主义来反种族主义有用吗？反种族主义策略有效性评估》。

[2] 参见 175 页"为了打击种族主义，变成黑人！"。

一些班级没有。在一年的时间里，所有班级的智力普遍有所提高，但"假的出色学生"的智力提高得更加明显。这证明一名教育工作者仅仅是对自己的学生充满期待就能对他们的成绩产生影响。

一个孩子最害怕的是被抛弃。一名青少年或者一名成年人，最害怕的是遭到群体的排斥，因为群体（在监狱里尤其明显）事关生存。这一现象源自我们的进化。孩子，以及成年人，常常觉得自己必须符合自己在别人心目中的印象，因为一致的坏比不一致的好更有益。完全围绕一致组织起来的大学界也持这一观点。

在家里，当父亲对儿子说"你的数学很差，不过爸爸也一样"，他以为这是在鼓励自己的孩子，但他错了，因为这句话会使孩子陷入一个真正的两难之地："如果我一直差，我爸爸会在我身上看到自己的影子，然而，如果我变好了，他会抛弃我……"

为了让我们的孩子获得成功，必须让我们的教师获得成功

爱的力量矩阵

高级美食学的秘密，就是不要扼杀顾客的食欲，要激发其食欲。因此一家优秀的餐馆会让顾客经历三个连续的阶段[1]：

---

[1]　参见 102 页菲尔·沃克内尔关于出色演讲的三个步骤的忠告。

天哪，我从没尝过这个！

我很高兴尝了这个。

我还想尝尝其他的菜。

而今天的学校正相反，它让我们忍受强行灌输的、有统一框架的、并不令人惊叹的知识，从而扼杀了我们的欲望，但我们可以纠正这种情况，确认教师和学生的天职是成为知识的美食家，并且这一天职应该使他们感到快乐。

我在巴黎中央理工学院和斯坦福编写了一个非常简单的矩阵，是受大型咨询公司设计的模型启发的管理模型。这是爱的力量的矩阵，该矩阵提出两个问题：

你喜欢你的职业吗（Love）？

你擅长这一职业吗（Can-Do）？

Can-Do 被置于 x 轴，未知数 x 来自阿拉伯语的 chay，意思是"（人们所寻找的）东西""什么"，在后来西班牙语的变形中音素 ch 被标注为 x。

Love 被置于 y 轴，在英文中 y 念作 why，指"为什么"。

为什么最好的部分不是苦差事，不是义务，而是爱，是激情。显然，这个问题对教师和学生都至关重要。对于"你为什么去学校"这个问题，回答"因为我不得不去"的学生或老师绝对是平庸之辈，不论其最初的水平如何。回答"因为我喜欢"的学生或老师将出类拔萃。

没有热爱就不会出类拔萃，没有激情就不会出类拔萃。

唉，我们负责教育的官僚机构只在偶然情况下以使命感和激情来挑选教师。它不是在 y 轴——why 上挑选教师，而是把全部精力和标准放在 x 轴——

what 上。在法国，中学和大学教师资格考试不考教学法，因此人们甚至不能说"Can-Do"法被选中了，因为我们最权威的教育考试蔑视人类工效学。

就我自己而言，2005 年我在先贤祠附近的巴黎高等师范学院学习。荒谬的是，正是在那里我见识了在教育中人类工效学欠缺到了何种程度：跟许多大学生一样，我在那里不快乐，我的感觉是快乐和充分发展并非法国教育的优先事项，最才华横溢的人有时会混淆痛苦和成就，甚至比儿童更严重。

大多数学生去上学只是因为不得不去，同样，只有少数教师承认每天早上从床上爬起来是出于对教育的热爱。甚至最激情洋溢的人，比如塞利娜·阿尔瓦雷斯或何重谊[1]，最终也因为人们自以为是的固执己见而变得垂头丧气。这样看来，体系改造的前景依然渺茫。

幸好，广袤的世界并不等待学校来实现其演变。

学校在吸引学生们的注意方面面临重大危机。学校能占用学生的时间，因为是义务教育，但从来没有哪项法令能保证学生的注意力。学校无法接受自己在这方面的失败，于是痛斥心不在焉的学生并将之上升为原则问题。在大部分时间里，我们不是因为热爱学校而去上学的，是因为别无选择。问题就在这里。然而，学校是知识的餐馆，是一个应该让我们觉得"活着是为了吃"而不是"吃是为了活着"的地方！人们绝不应该在学校感到痛苦，这并不是说人们在学校不应该付出努力，而是说充满激情的努力不是痛苦。

---

[1] 才华横溢的何重谊（Jean-Yves Heurtebise）是在马赛接受过国民教育的台湾哲学教师和研究员，他所教的哲学毕业班 S 对他是如此着迷，以至于这个班级为他创建了一个 Facebook 主页"我们信任何重谊"。2010 年，他的班级位列他所在学区哲学成绩平均分的三甲，他的一名学生获得了中学毕业会考哲学考试的第一名。何重谊从来没有被正式录用，没有中学师资合格证书——但有博士文凭——一名督学指责他采用离经叛道的教学方法。他离开了法国，放弃了这份工作，再没有回去过。

努力与痛苦

因此不应混淆痛苦与努力。在游戏中，在竞赛中，付出的努力是巨大的，但努力是有意义的，有着强大的动机，是有意识地长时间地付出。我们看到，有意识的努力是出类拔萃的基础。为了尽可能多地付出努力，必须有爱。

Love/Can-Do 矩阵使我们可以在职业人士中区分四类人：

● 脱颖而出者

因为喜欢且擅长某一职业而从事该职业的人是"脱颖而出者"。其卓越程度在业内无可匹敌。苹果、特斯拉、爱马仕等就是这种情况。

● 追随者

追随者与"脱颖而出者"一样有本事：他们工作不是出于激情，首先是因为有市场。他所提供的货物和服务证明了这一点，他一般不使用自己生产的产品。

● 硅谷车库

硅谷车库——惠普、苹果、谷歌、飞兆半导体、亚马逊、特斯拉等公司诞生的地方——大多与文艺复兴时期的工坊相似，其问世并非因为有市场，而是因为热爱。他们投身于某一职业并不是因为他们会做（与他们的竞争对手相比他们的本事常常是最小的），而是因为他们喜欢做。因此，他们的全部知识是后来出于激情获取的，史蒂夫·乔布斯对此做了很好的总结：

人们说你一定要对自己所做的事满怀激情，确实如此，原因是这太艰难了。任何一个有理智的人，如果不是满怀激情的话，都会半途而废。这真的很难，并且你不得不长期从事这个，因此，如果你不是真的热爱，如果你不是对此感到快乐，你就会放弃。事实上，大部分人都有此经历。如果你留心观察被社会认作"成功人士"的那些人，你常常会发现他们都痴迷于自己所做的事，以至于他们能在真正艰难的时候坚持下去。而并不钟情于此的其他人放弃了……因为他们精神健全！如果不爱，谁愿意继续做这么艰难的事呢？因此，面对大量的工作，困难的工作，无以复加的焦虑，如果你并不热爱这个的话，你就会失败，就是这样。因此，是的，必须热爱，必须充满激情。

- 强制进入者

在我们的社会中，一切官僚机构都更喜欢循规蹈矩而不是激情。在学校的考试、竞赛以及招生中，每当这个链条要在循规蹈矩和热爱中选择时，它都选择循规蹈矩。难怪学校让人如此不幸和痛苦。循规蹈矩不是目的本身，循规蹈矩不会让人生充实，循规蹈矩绝不会让你快乐地起床、喜悦地入睡……谁愿意在死前说"我循规蹈矩地活过"呢？

只是为市场或者——更糟的是——为了应付差事而生产的货物和提供的服务背负着这种痛苦，这种烦恼。"你为什么生产汽车？"有人问特拉贝特汽车的制造商。"呃，因为中央委员会要求我这么做，老兄。一开始我想做一名兽医，但别人对我说：你去造汽车吧，于是我就去造汽车。所以，我讨厌造汽车，你也会讨厌造汽车的，就是这样。"

不得不做自己的工作，这就像是被强制送进医院的病人一样（再糟糕不过了）。在我们的教育中，绝大多数学生和绝大多数教师的精神状况都像是一个强制入院的病人。这不是他们的错，加剧这一情形的正是我们所设计的机构，因为这个机构认为激情和冲动是不专业的，它更喜欢一个麻木、因循守旧的教员，而不是一个充满激情、敢于挑战条条框框的教员。

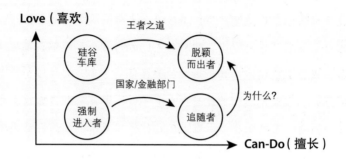

因此，我们的学校是一曲痛苦的探戈。

教师方面：我讨厌教课，你讨厌上课，真是太好了。

学生方面：我讨厌来上课，你讨厌给我上课，真是太好了。

对于那些认为我言语粗俗的人，我的回答是，这样一个系统更加粗俗，粗俗得多，与巴顿口中"令人信服的下流话"倒是有些相配。

我们知道最优秀的教师是那些从教学中得到快乐的教师。不要以为演讲者让人觉得做演讲对他是一种折磨，演讲就更加成功。做演讲，授课，就像是做爱：如果你感受不到快乐，你的伴侣也不太可能感受到快乐，相互给予的快乐因为从对方的满足中获得满足而更加强烈。最优秀的教师是激情洋溢的教师，他们也是最好的精神导师。

几乎所有学生都记得某个给他们留下深刻印象的老师，因为他不只是单纯地传授标准化的知识。遗憾的是，在当前的教育中，良师的出现纯属偶然。在文艺复兴时期，"三个三分之一法则"主宰着人文主义教育：你应该把三分之一的清醒时间花在与自己相处上，三分之一花在与能教给你东西的人相处上，三分之一花在与能被你传授东西的人相处上。三分之一与自己，三分之一与良师，三分之一与学生。这就是达·芬奇、柏拉图或者亚历山大的希罗凭借他们的经验践行的平衡。我们怎么能如此轻率地抛弃这一法则呢？

没有比讲给别人听更好的巩固一门课程的方法了。我还记得，在奥尔赛大学时，与那些在考试前临时抱佛脚的人相比我显得出类拔萃，虽然我在这上面花费的时间比他们少得多，原因很简单：上完课后，我就去给别人补课，补课的内容就是我刚刚学过的东西。于是我总是抱着准备在几天甚至几个小时之后讲给别人的想法去听课。这种精神状态与勤奋学生的精神状态相比更有利于掌握知识。这种状态更加成熟，更加有效，更能充分发挥人的才智。

赋予教师自主权

在法国，人们在很长一段时间内把师范学校称作"écolesnormales（标准学校）"（今天其中仍然存在一个最高规格的标准）。人们很容易想到"反充分发展的学校"。在一个由网络组成的分散的世界，金字塔式的国民教育没有给予教师任何自主权，这种教育纯粹属于过去，在结构上减轻了其失败的责任，以至于从来都只是在表面上发展。纳西姆·尼古拉斯·塔勒布对此理解得很透彻，官僚机构是一种使决策者与风险的距离最大化的创造，是思想上的马其诺防线。第二次世界大战期间，甘末林将军被他的参谋部称作"波德莱尔"，因为他的战略可归结为著名诗篇《美》中的这句诗："我对移动线条的运动感到厌恶。"我们的整个教育似乎凝固在这几个字中。

为了向前发展，应该让教师在教学实践中完全自主。有些人认为这是在冒险，然而最大的冒险是不承担风险：马其诺思想再次抬头。变化主要发生在决策者与承担后果者的距离不大时。在当前的国民教育结构中，教育发展如此缓慢正是因为决策者与承担风险者之间隔着十万八千里。因此，应该创建一个连接所有教师的去中心化的网络，让所有教师——从幼儿园教师开始——都变成"教师–研究人员"，其使命是改进教学实践。过度标准化是不败的"共和国学校"神话的基石，可它从未实现自己的首要目标，也就是：

在郊区和先贤祠附近地区提供同等质量的教育。因此，赋予教师自主权更加合理。

今天，Web 2.0技术，如同社交网络和维基一样，提供了一切解决方案，这种通过试错来检验的更好的教育实践因此有可能出现并得到共享，不再受教条的束缚。黑猫白猫有什么关系，只要它能抓到老鼠就好。只要用结果逻辑取代手段逻辑，教师们就会拥有使用能达到最佳结果的手段的自由——而不是反过来。这是奇才们的忠告，从杰克·安德拉卡到埃丝特·奥卡德，还有格雷丝·布什、泰勒·威尔逊和阿图尔·拉米昂德利索阿，他们开拓了一种教材之外的更加有效的教学方式。

在配料方面，学校拥有各种各样无可匹敌的内容，远远领先于目前的电子游戏。也许有一天，在吸引注意力方面，学校会比电子游戏更有竞争力。要实现这一点，必须赋予教师成为真正的知识主厨的权力，允许他们发明新菜式，并在横向联网、不断更新的"菜谱"中分享这些菜式。一名出色的厨师会在意他每天挑选的配料的味觉刺激特征，同样，教师应对自己的"菜谱"负责并解释其课程的"大脑刺激"特征，而一种健康的认知文化会让人们更好地理解这种教育方式。我希望不久的将来，紧随"法国大餐"被列入联合国教科文组织世界非物质文化遗产的是"法式智力大餐"，即制作知识美食的艺术。

4. 玩耍，工作，生活

工作的意义

学校为社会做准备，如果学校有缺陷，这些缺陷在社会上将被放大。个人主义、循规蹈矩、单渠道学习……学校的所有这些缺陷同样存在于社会中，但其中最严重的是"快乐就不专业"的观念。

如果把充分发展置于经济效用之前，我们将改变社会。在拉美国家，"工作"一词来源于 tripalium，这是一种古代的工具，用来折磨反叛的奴隶，或者给桀骜不驯的马钉上蹄铁。因此我们的集体无意识中潜藏着一种观念：工作就是不得不服从，从摇篮到坟墓，工作必定是痛苦的。然而，这再虚假不过了：为了人们所热爱的某种东西辛勤工作，这叫激情。唉，激情还太罕见。虽然我们的社会自诩为文明社会，理由是我们有自来水和电，但有一种新的电气化，一种新的自来水将被引入我们的城市和工作场所，这就是意义。我见过一些办公室、学校、街区，那里的人们不知道自己为什么工作。这是一些肮脏不堪的地方，因为意义的荒漠是心理上的肮脏之地。在没有意义流淌的地方，人们慢慢腐烂，其状可怖。一片沼泽会散发死水的味道，但许多人意识不到缺乏意义的环境会腐化全城居民的心灵。

在拉丁语中，animus 既指"意义"，也指"灵魂"。然而，有一些工作场所毫无灵魂可言。在生产率的幌子下，这些场所容易引发抑郁，甚至自杀。这些场所证明了人是一颗果实，可以压榨或者种植的果实。压榨是一种线性行为，可预见，容易管理，在极端情况下是致命的。种植是不可预见的，非线性的，难以管理，从不致命，长远看来要有利得多。官僚机构总是宁愿选择压榨，因为这不费力。这个缺陷甚至波及科研。尽管科研应在创造性方面指明道路，但却是围绕一个单一目标组织的：尽可能规规矩矩地至少每半年产生一项得到认可的成果。

"球形浑蛋"和心理创伤的启示

物理学家弗里茨·兹威基是个天才，虽然疯狂，但遥遥领先于他的时代，他喜欢骂人是"Spherical bastard"，即"球形浑蛋"。无论从哪个角度看，球体都是一个圆形物，因此他是想告诉对方，"你无论从哪个角度看都是一个浑蛋"。不过，在企业的工作让我明白了一件事：球形浑蛋并不存在。即使一个人再荒诞不经，污秽不堪，也会有一个方面透露出他的敏感和脆弱。

但我们的社会看重功用胜过存在，因此社会鼓励人们永远向身边人呈现相同的角度，而非那些令人欣赏的个性。如果是浑蛋中最球形的，那么必须有极大的耐性来寻找可以把他当作朋友的角度。"There is no such thing as a spherical bastard"（"球形浑蛋并不存在"）是一个强大的社会定理，其影响如下：与你有冲突的人总是存在某个角度，在这个角度下，你们可以成为朋友，但你必须自己寻找这个角度，因为对方不会有意展现这个角度。

　　该效应在互联网和社交网络上被放大了：trolling（随意发布的煽动性的帖子）泛滥。因为这令人上瘾，容易博人眼球，在真实生活中本来能够成为朋友的人在互联网和社交网络上互泼脏水，像孩子一样——却具备成年人的危害意愿和能力。而我自己常常跟在互联网上攻击我的人成为朋友。在相识之前就已赢得我尊重的人，我就更容易找到与其融洽相处的角度。对一个我不认识的人，我只要浏览一下网络上的信息，很快就会发现我们在什么方面能够真正相互理解。时间长了我注意到，那些无视你的一切努力顽固地与你公开发生冲突的人，那些竭尽全力只向你展示其球面的人，通常是些高高在上的人，对他们来说承认错误门儿都没有。

　　"球形浑蛋"理论有一个姐妹——"psycatrice"。在英语中，psychology 的 p 不发音，因此与"cicatrice（伤疤）"同音。心灵创伤，这就是 psycatrice 这个词的意思。所有人都有伤疤，有时伤疤已经愈合，有时伤疤正在化脓，在他们心中。这些伤疤最重要的制造者之一是苏非派大师阿里·恩多所说的"父母关系遗毒"，他为此写了一篇简明扼要的论文[1]。家庭或部落圈子绝对是种种引发战争的偏见最重要的滋生地，此外还有许多情形也会造成心理创伤。

　　因此受伤和身负伤疤是每一个人命中注定的遭遇。一个得到精心护理的伤口将让我们更加强大，更加明智，从这个意义上说，受伤是好事。点金石的主题也由此而来，把铅变成黄金，把我们的自我变成人类的财富：把伤疤变成力量，就是把铅变成黄金。但护理不当的心灵创伤大概是人类一切罪恶的根源。这不难察觉，比如当一个人对沮丧做出过激反应时。法国人可以看

----

[1]　阿里·恩多，《解放疗法》。

到一个发生在 2008 年的例子，当时尼古拉·萨科齐在农展会上说出了他的名句"那你滚啊，穷鬼"，因为一名路人拒绝跟他握手。

肤浅的人会谴责这一事件，但如果对此进行更加深入的分析，我们会从中发现一个"心灵创伤"：该事件的基础是一段痛苦的过往，这一过往瞬间引发了过激反应。在尼古拉·萨科齐的例子中，是十分害怕被拒绝，这是他的典型心理特征，之所以会有这样的恐惧心理，原因之一是他曾遭自己的父亲、各种群体和权威人士抛弃的经历。

虽然这个例子在法国无人不知，但我们不应因此忘记我们各自都有心灵创伤。心灵创伤的动态与身体的伤疤不同，它具有潜伏性。假设我手掌上有一大块愈合得不好的伤疤：仅仅是握一下手都会让我痛得叫出声来。我会最先意识到风险，我可以告知对方如果不想给我造成痛苦的话，他得轻轻地握我的手。不这样的话就会出事，大家也不会认为这是我的责任。

而心灵上有伤痕的人总是最后一个意识到自己的伤痕。如果他足够成熟，就会在与他人互动的过程中明白自己是心里带着伤在生活，而他的痛苦都源于自己对痛苦的苦苦思索[1]。身体的伤疤赫然在目，而揭示心灵创伤的唯一方式是去刺激它，这绝对会引起过激反应。当一个人做出粗暴的反应时，例如在街上，对方受条件所限，难以在他身上看到失落感的缓慢堆积；对方看不到他就像一个绷紧的弹簧，因为被压抑得太久，所以一触即发；于是对方也开始过度反应，在语言上或身体上。暴力和沮丧就这样在社会上产生，相互传染，司空见惯，父母传给子女，同事传给同事等，一向如此。社会越是令人失望，就越是助长暴力的相互传染。

---

[1]　根据前文提到的心理学家伊得利斯·沙阿的表述，见《居高临下的我》。

坚持自己，还是服从群体？

"知者不言，言者不知。"在一个人们的相互影响日益增加的社会，这样一种智慧具有现实意义。如果每个人都了解"心灵创伤"的概念，他就会明白为什么他自己或者他的同伴们有时表现得那么幼稚和心怀敌意。"心灵创伤"主要源于对遭到抛弃的恐惧，这体现为害怕被群体拒绝。当我们的大脑不得不在"离开群体，拥抱真理"和"留在群体，拒绝真理"中进行选择时，很遗憾它的选择常常是既定的，也就是后者。

为什么会做出这一选择？因为我们的大脑是进化的结果。如果在冰河世纪，你必须在保持理性并离开群体与抛弃理性并留在群体之间做出选择，那么选择前者必死无疑，何况这是一个断子绝孙的选择。我们，活着的人，因此是那些人的后裔——那些在人类初期选择抛弃真理留在群体中的人。因为理性很好，但首先必须生存下去。

因此，同侪压力是我们的思想和行为形成过程中一个强大的动力，一般说来，人更喜欢一个已知的不正常的世界，而不是一个正常但未知的世界。这一机制解释了人们为什么能够留在一个群体或者一种不正常但令人感到舒适的情形中，尽管这一情形并非对其有利。

这种压力并不一定不好。在充满活力的硅谷，同侪压力一般是建设性的："既然我能成功，为什么你不能呢？"在世界其他地方，例如法国，同侪压力更多时候是破坏性的："既然我失败了，你怎么会成功呢，傲慢的家伙？"阿兰·佩雷菲特[1]以及扬·阿尔甘和皮埃尔·卡赫克[2]很清楚这一现象。

---

[1] 佩雷菲特，《信誉社会：论发展的起源和性质》。

[2] 阿尔甘和卡赫克，《不信任的社会：法兰西社会模式如何自我摧毁》。

要造就一个硅谷，所需要的是高度的信任，相信自己，相信别人。然而，一个其成员缺乏相互信任的社会是一个个体不相信自己的社会。

戏弄新生现象也反映了这一问题：因为传统而遭受过痛苦的人倾向于以该传统为理由让别人遭受痛苦，以使自己的痛苦变得有意义。只有宽容的人才觉得自己有能力独自承受这一痛苦，从而打破戏弄新生的链条……但宽宏大量的人不会满大街都是，并且正如甘地说的："宽恕是强者的品质。"在企业里，如果你一生都在苦难文化中工作，你更容易奚落为工作之幸福辩护的人。

在硅谷，办公室的布局虽不完美，但反映了这一幸福观，人们不再相信痛苦是生产率的标志。领英、Facebook 或谷歌（"硅谷"内部结构的先锋）的办公室体现的理念是对工作场所的思考应该达到的高度：如果员工能够在他的羽绒被与办公室之间选择的话，他更喜欢办公室。用配备有 Wi-Fi 的免费通勤车接送员工的想法出于同样的考虑。堵在路上或乘坐公共交通的员工筋疲力尽，这对谁都没好处，那么何不给他们提供动力，让他们精力充沛地到达工作场所呢？这些公司赌赢了。在加利福尼亚，不难遇到周末在办公室工作的谷歌单身员工，因为他们周日没什么计划，办公室对形单影只的他们极富吸引力。在法国，我们距离这一思想境界还有很远。

现代小额信贷之父，诺贝尔和平奖获得者穆罕默德·尤努斯懂得拿同侪压力做文章。他很快就意识到为了使人们摆脱贫困，应该对群体而不是个人开展工作，创造一种由积极的压力构成的动力（"如果我能做，你也能做"）。他尤其注意到，使一个人脱离贫困，也是使他脱离自己的群体，这使得任务更加艰巨，并且容易造成心理障碍。如果这个人已经有了一个接纳他的新群体，其他人也准备脱离原来的群体并且被一种诚然易变但在群体中被坚定想象一下你身处一家五星级酒店,面对着摆满菜品的自助餐台。

除了高质量的饭菜,还有精致的甜点、各种各样的饮料,一切都是你喜欢的……

更何况,你饥肠辘辘,你的身体想要饱餐一顿。

咕噜

这就是天堂,不是吗?

侍者突然现身,冲你大喊道:

"你必须把自助餐台上的东西全部吃掉!"

"如果你没有吃完,剩下的每一盘菜都要计入账单!"

"你有一个小时的时间把这些东西吃完!之前有人做到过,因此这是有可能的。"

随后,侍者拿出表来,站在身旁盯着你。

现在,你掉进了地狱,不是吗?

食物没变,只是吃的原因和方式变了。
现在,你一定在心里说:"我还从未遇到过这种事。"

你错了,这种情况你不仅经历过,而且在世界上所有的工业化国家中,这已经成为一种义务,至少在连续十年的时间里都是如此。

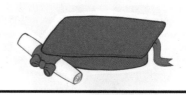

这种情况叫作"教育"。

故事从这里开始。如果人们能把一顿美味的大餐变成人生中最可怕的体验，那么人们能扭转这种局面吗？教育能从地狱进入天堂吗？

这个故事的结局是美好的，尽管有一些曲折和悬念……但故事从地狱开始。

我说的地狱是一种真正的痛苦，一种世界性的普遍的痛苦。

在日本每十年就有超过275 000人自杀。这相当于一座斯特拉斯堡那么大的城市的人口。

在中国，每十年有280万人自杀，相当于一座像巴黎那么大的城市的人口。

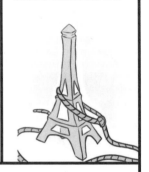

我并不是说教育是导致这些悲剧的唯一原因，但如果自杀公司是一个上市公司，那么教育就是它的一个大股东，是董事会成员。

这样的自杀率会给人传达一个绝望的信息：社会不适合他们，或者他们不适合社会。教育为我们进入社会做准备，教育越是粗暴、令人紧张和痛苦、使人灰心和抹杀情义，我们的社会就越会表现出暴力、紧张、痛苦、灰心和个人主义。

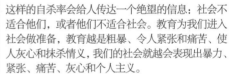

让我们来看一下地狱。

但社会、教育，这些都是我们自己的创造物。我们的创造物应为我们服务，但最终却变成我们为这些东西服务。

这是本书的一个重要观点。

我有一个关于自杀的理论，可用一个词组总结："Self-Explo-Des"。

"Self"是"Negative Self Image"的缩写，意思是"负面的自我印象"。如非自我印象不好，人们不会抑郁，不会自杀。教育更多地让我们看到自己的负面形象而不是正面形象。

"Des"的意思是"脱离社会"。教育热衷于把我们培养为"团队盲"：它告诉我们优点、力量、卓越都是对个人的评价。然而从猎杀猛犸象到修建金字塔再到诺曼底登陆，改变世界的都是集体的成败。

"Explo"是"Exploration（探索）"的缩写，这是思维的一项基本功能。但由于无法给这项功能打分，教育最终将其抹杀。

"Self-Explo-Des"概念是关于为什么和如何实施教育的问题。正如在自助餐比喻中那样。

为什么实施教育？是为了国民幸福总值还是国民生产总值？人们的幸福感显然不是教育的目的，否则就不会有分数。没人会用分数衡量自己的幸福。

事实上，达·芬奇、柏拉图和苏格拉底都对分数嗤之以鼻。

但我们被困在了分数、名次、标签中。

在我们生活的时代，如果有人给可乐打上"波尔多名酒"的标签，真的会有人把它当成波尔多名酒买来喝下去。

这是因为我们对标签而非事物的本质存在条件反射。标签不过是现实的变形的影子。

一旦摆脱束缚人们力量的标签，你将看到世界本来的样子，看到它的瑰丽多彩和难以捉摸。这是不可思议的解脱体验……

……这一体验与我们能够从教育的地狱升入天堂的方式、与我们能够走出洞穴的方式有关。

绝不应该强迫现实进入我们的箱子，我们的系统，应该不断扩大我们的箱子，从现实中获得灵感以构建我们的系统。这一课极其重要。

那么，教育是为了什么？

答案：为了工业，为了经济。
那么，如何进行教育？以工业化的方式，也就是说像以下这样：

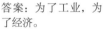

填喂。这正是我们的教育方式。学生的胃口不重要，重要的是吞下整个教学大纲，落后也要受到惩罚。我们因此身陷地狱，这就是我们应该改变的。

显然，如果你狼吞虎咽，囫囵吞枣，你会觉得难受。我们的消化系统非常聪明，它会向我们发出信号。

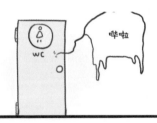

自主神经系统——尤其是消化系统——被称为"第二大脑"，是除大脑之外神经细胞最集中的身体器官。如果学校强行填喂我们孩子的第二大脑——胃，哪怕只有一天，我们也会感到气愤。

那么为什么认可学校在至少 1800 天的时间里对他们的第一大脑进行填喂呢？

那么多人最终对知识感到厌恶不令人吃惊吗？

全世界有那么多人厌恶数学这种如此令人兴奋的东西，这难道不奇怪吗？

就数学而言，其味道既强烈又细腻。有些人会一眼就爱上数学，有些人会逐渐爱上数学……但绝不应该有人厌恶数学。

对鹅进行填喂会得到什么呢？脂肪肝。
那么填喂学生会得到什么呢？脂肪脑，仅此而已。

这令全世界感到痛苦。如果社会大量制造被塞满的、习惯了痛苦和沮丧的大脑，你就不能指望打造一个健全的社会。

我们在学生的大脑中播下了什么呢？条件反射、痛苦、沮丧……这些大脑中的一些会自杀或杀人。

这些大脑中最肥的将走上决策和权力岗位。这会造成一些世界性错误，因为做决定的人是遭受思想填喂最严重的。

我们已经看够了地狱的景象，是时候改变这一切了。

"大脑，这太酷了！"

不需要神经学家指出，你也能知道填喂自己的肚子或大脑会造成不适。但一名神经学家能告诉你大脑的一些神奇之处。

我们所谓的"传统"教育并不怎么传统，它是工业化的。在传统中，苏格拉底并不是这样教书育人的。

"这是真的。"

最糟糕的是，当代的教育不完全适合我们的大脑，因为人们在设计建立这种教育模式时对大脑几乎还一无所知。

如果说教育是一个箱子，那么它是一个对大脑来说太小、形状也太过规则的方形箱子，但人们还是试图强行把大脑塞进去。另外，教育会让你相信箱子之外空无一物。

优秀的神经学家不会把大脑放进箱子。他想要了解大脑。对他来说，大脑是某种未知而美妙的东西。它比我们野蛮、死板的教育系统更加丰富、复杂和精妙。

最讽刺的就是人创造各种系统来为自己服务，最终却在为这些系统服务。
人创造国家来为自己服务，最终却为国家而死。
人创造工业来为自己服务，最终却为工业而死。
人创造教育、经济来为自己服务，最终却为教育、经济而死。

xxx·xxx

为了
经济发展

安息

并且这一现象在历史上循环往复。

但欧洲历史上有一个辉煌的时期，在这一时期，有些人形成了对人自身的敏锐意识。
这就是文艺复兴时期。

在文艺复兴时期，有些人开始思考："人的身体既优美又神圣。不应该用我们的方法去衡量它。应该用它来衡量我们的方法。"

"我既优美又神圣。"~

"我太强大了。"

文艺复兴时期，一些人——例如达·芬奇——认为："不应强迫大自然与我们的思想相似，而是应该使我们的思想与大自然相似。"

"我说得真好。"

在很长一段时间里，人们认为"肝脏有五叶"，因为加伦曾这么说过。而"心脏有三室"，等等。

文艺复兴时期，一些人客观地进行观察，摆脱这些思想壁垒进行思考，指出："肝脏有两叶，心脏有两室，屠夫比我们更清楚这点。"

要想从教育的地狱进入天堂，有一个简单的咒语。
我们只需大声念出这个咒语：

"不应强迫大脑适应我们的学校，应该让学校适应我们的大脑。"

当你念出这个咒语时，黑暗散去，你进入了一个比你以前能够想象的更加神奇、更加广阔、更加细腻而丰富的世界。你走出洞穴，看见了阳光。

如果人类是一个人，那么在他一生的时间里，他的思想被一种执念占据了一两个月（两百年在整个人类历史上无足轻重）。这一执念就是工业。

我们逐渐强迫周遭的一切屈从于这个执念。我们强迫大自然与工业相似，我们让学校与工业相似。

如今，我们逐渐开始让我们的思想与大自然相似，这对我们来说是一个全新的时代。新一次的文艺复兴已经有了它的英雄，我称他们为"五个奇思妙想之人"。

我 们 是 超 级 英 雄。

第一个是肯·鲁滨逊，他明确指出了我们的学校并不是传统的，而是工业化的。

第二个是马修·彼得森。彼得森不使用任何语言，而是利用电子游戏来教数学……
他的学生们在国家考试中取得了最好的成绩。

利用游戏教学也正是第三个英雄简·麦戈尼格尔提倡的。游戏比我们的课程更加符合人类工效学。玩耍也并不是人类发明的学习方式，而是最接近大自然的方式：学习和进食一样也是一种乐趣，我们的大脑天生喜欢学习。哺乳动物全都为学习而玩耍。

"玩耍与教学！"

第四个英雄是西蒙·西内克，由于他，我确认了问题不是人们"教什么"，而是"为什么教"，这直接解释了我们"如何教"的问题。

我这是在做什么……

最后是冈特·鲍利。他断言"不是大自然应该像我们的经济一样，而是经济应该像大自然一样"。

我所说的"五个奇思妙想之人"并非在单打独斗。全世界有成千上万的人正在推动这新一轮的文艺复兴。

最后，还记得我的咒语吗？"不应强迫大脑适应我们的学校，应该让学校适应我们的大脑。"

从地狱进入天堂的办法就是：神经工效学。

我们的学校并不符合人类工效学，它在扭曲我们的大脑。

我想传递的信息就是：如果这就是我们的大脑……

……那么，学校只是在训练这个：

但我们正步入一个神经工效学的时代，这将彻底改变学校。

我们的后代将接受对大脑来说健康的、符合人类工效学的教育。

**人们将不再强迫大脑进入单一思维的方形箱子，
而是接受完全适合其大脑的教育。**

**在我看来，这是一次真正的"神经复兴"，
相信我，我们真的还什么都没学到！**

这就是故事的结局。

信奉的观念激励着，那么措施更容易成功。例如，一名长期被关押的囚犯很难回归社会，虽然社会能够给他的更多，却给不了他一个确定的且在认知上比在监狱更舒适的位置。赤贫会产生同样的效应，只有作用于整个群体才能与贫困做斗争。在塞内加尔研究和从事小额信贷时，我对这一原则深有体会。

尤努斯还发现了另一件事：女性群体往往会比男性群体取得更好的结果，在男性群体中，确立一种支配结构再将这一结构重新提出来讨论要花费许多精力。相反，处于相同状况下的女性群体能更快地在农业小额贷款中实现协同操作。

我们还记得土耳其裔德国企业家阿尔普·阿尔通说过的话：自我是企业价值的第一杀手，无论是什么企业。在个人层面可以发现相同的支配原则。事实上有两类企业家。一类是让他们的自我服务于企业的企业家——米开朗琪罗、可可·香奈儿、史蒂夫·乔布斯、埃隆·马斯克这类人；另一类是让企业服务于他们的自我的企业家（出于谨慎起见，我在本书中不具体指明，但法国国有企业相继倒闭将为有经验的读者提供足够的提示）。在一切计划中，你都会找到这两类参与者。不论其资历、文凭或经验如何，你都应该不带情绪地立即摆脱那些让计划为他们的自我服务的人。

拿破仑的例子很好地展示了这一点，法国应该重新审视它对这位国王的崇敬之情：在开始走上坡路的时候，拿破仑让他的自我服务于一项计划。自从他让这项计划服务于他的自我开始，欧洲和法国都满目疮痍，需等待另一个人——塔列朗，让其自我服务于法国的人——拯救法国。

企业和社会中关于人的五个实验

1. 所罗门·阿希的从众实验

人喜欢从众胜过真理。阿希实验（1951年）抽出了这一倾向中令人感兴趣的一部分。实验人员向一些大学生展示画在一张卡片上的三条直线。随后实验人员向他们展示第四条直线，问他们前面三条直线中的哪一条跟第四条直线一样长。实验很简单，连幼儿园的孩子都能通过。但房间里有8个被实验人员收买了的人，他们一开始给出的是正确的答案，随后连续12次，针对12张不同的卡片，他们给的答案都是错的。阿希的目标是找出是否有人为了与群体保持一致而放弃真理。但这些人的比例有多大呢？实验结束后，实验人员观察到超过三分之一的实验对象连续12次屈从于群体的压力。超过四分之三的实验对象在12次中至少有一次屈从于群体的压力。在实验结束后的采访中，一些人说他们所做的不过是融入，不管怎样，这似乎合情合理：不值得为选择一条线而与其他人发生冲突（有多少次只是为了礼貌，我们便假装同意出租车司机或服务员的政治观点？）。而且，由于其性质本身，该实验可能会让大学生以为这不是在测试他们比较线条的能力，而是他们对待群体的态度。因此，也许他们想特意随大流，哪怕只是12次实验中的一次？不过，阿希的实验结果只揭示了冰山一角，因为我们的从众倾向何止体现在挑选直线这么简单的事情上呢，一旦与我们的暴力倾向相结合，从众倾向将露出狰狞面目。

2. 米尔格拉姆实验[1]

1961 年开展的这项冷冰冰的实验研究了我们是如何更愿意服从权威而不是遵从自己的良知的，以及我们是如何以穿白大褂的教授或穿制服的警察之要求为借口危害人类的。米尔格拉姆希望通过实验研究服从权威的现象，却发现人对权威的服从远远超出了他的预想。

在他的实验中，一名实验人员和一名演员分别扮演权威人物和实验对象。实验对象如果答错测试题的话将受到电击，而电压会随着电击次数逐渐增高。实验人员与演员之间是真正的实验对象：一个"正常"的人（实验会研究各个宗教和各个社会阶层的人），他应该根据穿白大褂的权威人士的命令对演员扮演的实验对象进行电击，我们将之称为"教授"。当然，电击是假的，实验对象遭受电击时发出的叫喊和身体的扭动也是假的，但教授不知道这些是假的。电击的最高电压被宣称有"450 伏"（没有精确的安倍数）。

只要演员回答错误，权威人士就会命令教授增大电压，每次增加 15 伏。

如果教授表现出中断实验的强烈愿望，权威人士将接连对他说：

"请继续。"

"实验需要你继续下去。"

"继续下去是绝对必要的。"

"你没有别的选择，得继续下去。"

教授进行三次 450 伏的电击之后，实验就结束了。

在每一次的实验中，为了确保教授移情，人们会先对他进行一次真正的电击，确保他能感受到"他的"实验对象将感受到的。人们还让他相信他本

---

[1] 米尔格拉姆，《服从的行为研究》。

来很有可能坐在实验品坐着的那张椅子上,因为他们的角色是抽签决定的(实际上抽签环节是假的)。实验中,如果教授问权威人士他是否需要为实验品所遭受的痛苦负责,权威人士将回答:"我将对此承担责任。"

如果说米尔格拉姆的实验结果令我们寒心,那是因为在服从权威方面,这些结果大大超出了学生和研究人员的预计。此外,他们在不同的背景和文化下重复了这一实验,结果各不相同,但服从权威的程度总是高于预期[1]。在一开始的实验中,40 名教授中有 26 名一直进行到 450 伏的最强电击。在某些情况下,实验对象会告知教授他有心脏病。然而,尽管每位教授都跟自己的实验对象握了手,尽管他们中的每一个都知道自己本来有可能处于实验对象的位置,但没有一个人在实验中坚持放过自己的实验对象,即使在那些放弃实验的人中也没有一个打听过实验对象的健康状况。

3. 斯坦福监狱实验或"路西法效应"

米尔格拉姆实验十年之后,菲利普·津巴多着手研究狱卒们对权力的滥用情况,尤其是在军事监狱里。在美国海军研究处的资助下,实验深入探究滥用权力是否由狱卒们的性格决定(因此他们是否对此承担全部责任),还是环境促使他们这么做,从而产生的一种"路西法效应"。事实上,津巴多得到的结果证明某些机构是真正的"路西法工厂"。这些机构不仅理所当然地存在着,而且我们还不得不尊重它们,信任它们。伊拉克阿布格莱布监狱的暴行(津巴多为此被要求做证)或者关塔那摩监狱的暴行长期存在,这让我们看到路西法工厂至今仍在运转,并且得到了善良的"国家之主们"的有

---

[1] 布拉斯,《理解米尔格拉姆服从实验中的行为:个性、处境及其相互影响的作用》。

意支持。为了完成自己的实验，津巴多招募了二十四名白人男子，这些人没有犯罪前科或疾病史，包括精神病史，主要的遴选标准是稳定的心理状况。他付钱给他们参加一项预计持续 7 到 14 天的研究。其中的 12 个人被随机选中，他们将在斯坦福心理学系地下室中布置的一所假监狱里扮演狱卒；另外 12 个人被指定为囚犯。所有人都知道这是一项实验，因此这不是单盲实验[1]。假囚犯在帕洛阿尔托警察局的协助下遭到逮捕，他们被提取指纹，验明身份，搜身，最后得到一个编号。至于狱卒，他们配有一根警棍以显示自己的权威，津巴多（扮演监狱长的角色）给他们的指示是："你们可以让囚犯产生某种烦恼或恐惧，你们可以确立专横的概念，根据这一概念他们的生活完全由你们掌控，受控于制度，受控于我，受控于你。并且他们没有任何私生活……我们将以多种方式磨灭他们的个性。一般说来，这一切会导致一种无助感。也就是说，在这种情况下，我们拥有一切权力，而他们没有任何权利。"最初的 24 小时之后，反抗爆发了。狱卒们试图通过厚此薄彼从心理上分裂囚犯，但失败了。36 小时之后，一名囚犯明显变得疯狂和暴怒。眼看局势恶化，狱卒们使用越来越可怕的心理折磨手段，他们强迫囚犯们睡在水泥地上，在牢房中间的一个桶里大小便但不能把桶倒空，光着身子，没完没了地重复自己的编号……

　　由于三分之一的狱卒在不到 72 个小时的时间里变成了一个残忍的虐待狂，津巴多以前的学生（也是他的未婚妻）克里斯蒂娜·马斯拉奇最终说服他中断了实验，实验在 6 天后结束。所有狱卒都对此感到失望。在该实验的 50 名见证者中，据津巴多说，马斯拉奇是唯一对假囚犯们的收押条件以及

---

[1]　在单盲实验中人们会把一名假囚犯带进一所真正的监狱，但不告知狱卒。

看管他们的狱卒的态度感到震惊的一个。

如果说这一实验具有历史意义，那是因为它与当代心理学方向的绝大多数实验不同，该实验让实验者置身其中（津巴多扮演监狱长的角色）并且对实验者产生了影响。这种情况如今错误地被看作反科学的。

4. "过度理由效应"：奖励会促进生产吗？

最初，这是格式塔心理学家卡尔·东克尔所做的一个对创造性地解决问题的测试。研究者让实验对象进入一个房间，房间里摆着一张桌子。桌子上有一盒火柴、一个装满图钉的纸盒和一根蜡烛。墙上有一张软木画。实验对象要设法将蜡烛固定在画上并点燃蜡烛，但滴下的蜡不能落在下面的桌子上。解决办法是把盒子清空，用一根图钉把盒子固定在画上，让蜡烛直立在盒子里并点燃蜡烛。这项测试旨在打破我们的僵化思维，即不要只把装图钉的盒子看作一个容器，而是把它看作解决问题的一个要素。因此，确实没有什么预期结果，除了大部分人不会把装图钉的容器看作一个真正能解决问题的工具。1962 年，心理学家萨姆·格克斯伯格想要观察金钱奖励是否能够提高受试人员的成绩。他区分了两个学习小组：一组"积极性高"，另一组"积极性低"。对第一组的组员，解答问题将有机会赚取 5 至 20 美元（小组最快的四分之一 5 美元，班上第一名 20 美元）。对第二组的组员，什么承诺都没有。完全出乎意料的是，胜出的是第二组，即解答问题"免费"的那组。格拉克伯格对该测试做了如下解释：在奖赏承诺的刺激下我们的大脑处于一种已知的状况（总的说来，就是抱着作业要被批改的心态）：没有奖励承诺增加了大脑的自由度。我完全赞同他的观点："班级第一"的思想破坏创造性，鼓励循规蹈矩。分数、奖励助长循规蹈矩，以及其导致的一切悲惨后果……

这再次证明应该重新正确看待打分生活，把它从偷来的宝座上拉下来。

5. 大脑对收获和损失的反应不一样

人们把棉花糖放在一只卷尾猴面前[1]，然后玩抛硬币猜正反面的游戏：如果是正面就再给它一颗棉花糖，如果是反面则不给。在这样的设定中，猴子很高兴看到又有一颗棉花糖放在它面前。我们稍微改变一下实验规则：一下子放两颗棉花糖在桌子上，然后两次中有一次拿走一颗。从概率上讲，两种情况是一样的：猴子得到一颗或两颗棉花糖的概率是一半一半。然而，在第一种情况下，抛硬币展现给它的是一个收获的机会，这令它的大脑感到愉快，而第二种情况展现给它的是损失的风险，令它不快[2]。

这一现象在一定程度上证实了特韦尔斯基和卡内曼阐述的前景理论。卷尾猴实验（这一实验以人为实现对象时得出了十分类似的结果）不仅证明了我们对待得失的态度是非理性的，还证明了损失所带来的痛苦和获得所给予的快乐不对称：我们的大脑赋予不满意的分量多过赋予满意的分量。这一发现体现在例如金融投机或赌博上瘾的情形中（在神经元的层面二者是一样的）。

让我们设想一名交易人第一次在证券市场上赚了 1000 欧元。他的大脑中释放出一定数量的多巴胺。上瘾自然在于每次都获得相同数量的多巴胺。那么，如果该交易人想要获得相同数量的多巴胺，那么他应该赚取的不是

---

[1]　它们喜欢棉花糖，吃起棉花糖来狼吞虎咽，一直吃到吐，吐了还吃。幸好，在大自然中，树上不长棉花糖……

[2]　在这一版本中，该实验归功于加州大学洛杉矶分校的经济学家基思·陈先生及其同事。陈，拉克希米纳拉亚南和桑托斯，《行为偏差有多基本？来自卷尾猴交易行为的证据》。

1000 欧元，而是 10 000 欧元，因为反应曲线是对数的：需要 10 倍的收获来实现多巴胺增加一倍。

　　至于损失，简单说来，我们可以注意到当交易人损失 1000 欧元时，大脑收回的多巴胺与他赚取 10 000 欧元时大脑分泌的多巴胺一样多。因此，我们的大脑赋予损失和收获的心理强度不对称：它轻视收获，放大损失。

玩耍

极客也在学习

　　玩耍等于享乐。因此，在不聪明的人看来，这是不严肃的。然而，玩耍是哺乳动物最普遍的学习方式。那些最聪明的动物，从喜鹊到海豚再到章鱼，它们为学习而玩耍，如果说冷酷无情的大自然选择了这种方式，那是因为这比我们认为最严肃的方式还要严肃得多。因此谦虚地接受这种方式吧。

　　游戏鼓励长时间刻苦练习，以及一种"有趣的卓越"。游戏降低进入的门槛，抬高退出的门槛，因此为一切形式的教育提供了一个理想的结构：良好的教育，是容易让学生聚集起来而难以让学生散去的教育。

　　在游戏中，动机是内在的；在学校，动机是外来的。痛苦的学生就像因缺油而抛锚的汽车。一些教师无视他们或者惩罚他们，另一些教师试图督促他们，但让他们重新出发的唯一办法是使他们的马达动力十足并且将其启动。有些人认为学生对自己的动机负有责任，也许在高中后，达到可以投票的年龄时，这一观点是正确的，但如果人们认定未成年人对选择一位政治代表缺乏基本的判断力，那么也必须承认激励他们的技巧由我们负责。

游戏让人在拉贾·帕拉苏拉曼发现的极限之外仍保持着注意力，在一名机械操作员已经注意力涣散的时候，一名玩着自己喜欢的电子游戏的玩家仍然聚精会神。游戏甚至能够培养"分散"的注意力（例如同时紧盯好几样东西的能力，不管是在编舞中还是在足球场上这一能力都很重要[1]）。尽管如此，还是能听到父母或教师武断地声称"光知道玩是上不了重点大学的"。要进入一所重点大学（这是循规蹈矩式卓越的典范），玩电子游戏恐怕不合适；但要想进入斯坦福、加州大学洛杉矶分校或加州理工学院的话，成为极客是一个优势。极客玩游戏是为了学习并且把自己的工作变成了游戏。

电子游戏产业如今在经合组织国家创造着技术岗位，这是无法回避的，如果说学校应该帮助学生为未来的职业生涯做准备，那么不把学生引入这个行业便是不对的[2]。关于上瘾的问题，当然应该引导学生对自己负责、适度消费——但不要忘了电子游戏没有糖、咖啡或酒精那么容易上瘾。在没有渴望、没有事后的回味和没有自己想法的情况下喝葡萄酒并不是消费名酒的理想方式。电子游戏也是一样，电子游戏中也有名品，应该以同样的责任感消费电子游戏。例如，被视为杰作的《时空之轮》在电子游戏界的地位就像《战舰波将金号》之于政治电影：与一个真正的艺术作品一样，《时空之轮》激起了玩家的情感和新颖的想法。

---

[1] 阿克特曼，格林和巴韦利埃，《电子游戏作为一个训练视觉能力的工具》。

[2] 在法国，电子游戏是唯一没有衰退的文化产业，并且是在全世界位列第一的文化产业，其次是电影。

因此，如果说酗酒从未成为铲除波尔多葡萄树的理由，那么电子游戏上瘾也不应让人忘记它是一种能够激起意识的独特状态的媒介——这大概是对现有技术的最强定义。通过培养人们以负责任的方式玩游戏，已经成为世界经济增长不容置疑之动力的极客产业正在对年轻人和成年人扫盲。这样的扫盲对于招聘极为重要。如果是在谷歌公司面试，别人向你提出这个决定命运的问题"你玩游戏吗"，你的回答是"不"，那你肯定得不到这份工作。

职业电竞的启示

有一种现象叫作"职业电竞"或"电子竞技"，游戏玩家能够通过在国际竞赛中玩电子游戏获得超过百万美元的奖金。杰出的心理学家瓦妮莎·拉洛为使人们关注经济范畴中游戏对就业的重要性做了很多工作——要知道投资最多的电子游戏，例如 2015 年的游戏之王《巫师 3》，拿到的投资已经远超电影行业的最大投入。这一趋势还没有逆转的苗头。

我对职业玩家做过大量研究，最令我震惊的是，虽然某些人学业失败并被我们的教育系统抛弃，但他们在算法、信息科学和最优化方面的技能水平与一名硕士生不相上下。因此，2015 年，我在《观点》周刊上连续发表了五个"让你的孩子得益于电子游戏的小技巧"，其摘要如下：

电子游戏堪称传输知识的光纤。如今没有任何技术能够如此快速地传输知识或技术诀窍。但"游戏化"，即转变为游戏，还十分昂贵和困难。因此游戏化与其说是通例不如说是例外。"游戏化"一种职业或一项知识仍然在个案的基础上进行，我们没有这方面的产业化秘诀。

……医生、飞行员、领导人、宇航员或法学家越来越多地通过游戏训练自己。越是难以使一个行业自动化，就越应使其游戏化。在被迫学习中，如果你的大脑是一辆汽车而其碳氢燃料是动机的话，汽车在启动时以及整个行程中都要消耗碳氢燃料。在游戏中，汽车只会为停下来消耗碳氢燃料：开始玩和继续玩，这不需要动机。

忠告 1

以建设性而非侵入性的方式参与孩子们对电子游戏的选择。有一些游戏像是垃圾食品，另一些游戏则或多或少能够滋养头脑。《文明 5》很棒，Eugen Systems 旗下的《战争游戏》也是，如果你的孩子喜欢计谋的话，跟孩子们一起讨论他们的选择，听他们解释为什么对某一款游戏感兴趣，尽量与他们交流。

忠告 2

跟孩子们一起玩游戏。这对中止游戏很有帮助：当"部落首领"站起来宣布"到此为止"时，让孩子们同时停下来要容易得多。让他们安静退出的一个好办法是在最后一个小时或半个小时跟他们一起玩，以使游戏的结束仪式化并且安静地进行。你应该花 5 分钟时间"做总结"，关上电视，坐在游戏控制器前，评论一下游戏，说说你的感受。

忠告 3

成为电子游戏的总管。你不阻止孩子们看蹩脚电影，因为你已经让他们知道了什么是电影杰作。区别在于，根据推断，孩子们在游戏方面能教给你的东西比你能教给他们的东西更多。不管怎样，提高他们的品位，把他们变成不只是消费者，而且是电子游戏的评论家，就好像有文学评论家和美食评论家一样。对玩家来说，重要的是发展其主观性，积极消费游戏并且意识到自己的感受，直至能够用语言描述自己的情绪和上瘾情况。跟孩子们一起玩有助于发展其批判意识、口头表达能力和主观性——尤其是情感上的——以及他们的论辩能力：如果他们反驳你，那太好了，这可以培养他们的辩论才能。

忠告 4

建立电子游戏学分。专家简·麦戈尼格尔十分清楚这一点：目前的问题在于学校令人生厌，而电子游戏令人兴奋。如果人们能把学校变成游戏，那么平衡将得到恢复。停止玩游戏需要自控力。在停止的时候你应该跟孩子们解释这一点，告诉他们其感受是正常的，自控是一件高尚而困难的事。你应该给予他们与自控价值相当的奖励。为什么不确定一个工作与电子游戏之间的汇率呢？工作与游戏之比是 1∶1.5，也就是说 3 小时的工作赢得 2 小时的游戏。工作可以指很多任务，比如洗车、修剪草坪、跑步或者复习功课。对于特殊任务——例如在数学方面得到 3 分的平均分——则给予特殊奖励，例如一个新游戏或者一个新的游戏手柄。

忠告 5

在电子游戏方面实现饮食多样化。大脑如同消化系统一样，在多样化刺激中得到充分发展，单一刺激令它感到痛苦（所以学校让人觉得这么辛苦）。因此，应规定一段站着或者以其他方式玩电子游戏——例如健身运动的游戏——的时间。把这些游戏放在每次游戏结束的时候是一个平稳结束的好办法，不会让大脑因为游戏与作业之间的断裂而感到痛苦。如果你能够用建筑游戏、模拟游戏、猜谜游戏来进一步实现"食物"搭配的多样化，那就更好了。但始终要把需要消耗体力的游戏留到最后。

关于电子游戏，必须同时"弥补现实"——也就是说使现实世界（尤其是工作领域）比当下更加令人兴奋，赋予电子游戏存在的理由，让它不再只是娱乐，而是艺术。

不要忘了，电子游戏也是一种学习编程的绝佳方式，应该利用电子游戏来学习编程。电子游戏与黑客马拉松[1]（对合作编程要求高的时期）在应用和所需能力方面存在着很强的关联。

然而，不应该将游戏化局限在电子游戏的世界。高水平竞技者总是将他们的训练变成游戏，因为游戏意味着得失攸关，也可以反过来说。

符合神经工效学的城市

我们可以构想符合人类工效学的环境、城市。其中意义的流转至关重要。由于在"实用"结构方面倾注过多，我们创造了没有意义的环境，例如大型睡城，这些睡城如今仍令城中居民苦不堪言。从前的建筑师，自伊姆霍特普和维特鲁威以来，意识到建筑物不只是有其功用，还应该拥有超越建筑物本身的意义。我们亟须重新学习这一课。如果说身体是灵魂的盒子，那么城市就是身体的盒子，在城市目前的状态下，尤其是巴黎及其郊区，这个盒子不再尊重它应该突出的神圣的东西。

巴黎应该体现博爱，这个共和国三位一体价值观的神圣要素，而不是自我封闭在可追溯至1860年的废弃边界里。在巴黎这个概念以外，城里人的身份是个障碍，我们不想接近"他"。"他"占据我们的空间、限制我们，总之，没有"他"，人们会过得更好。现代社会把汽车而不是人放在首位，一条交通道路上分配给汽车的面积总是比分配给行人的面积至少多两倍。行

---

[1]　Hackathon，又叫编程马拉松，指电脑程序员与其他相关人员，如图形设计师、界面设计师与产品经理聚在一起合作开发软件的活动，时间一般在几天到一周不等。

人最终从中推断出城市并非为他们而建。

1961 年，在《美国大城市的衰落和幸存》中，城市设计师简·雅各布斯提出了使街区生机勃勃的四项简单准则[1]。法国大部分市郊研究园区（奥尔赛、巴黎综合理工大学、伊基尔克创新园区……）或者说我们的郊区根本没有遵循这些原则：

首先，鼓励充满活力、精彩有趣的街道的出现。其次，让街道尽可能相连并聚合成为一个网络，这个网络会覆盖具有"区[2]"级规模和发展潜力的区域。第三，把公园、广场和公共建筑物作为这张街道网络的必备要素，利用它们来加强和编织复杂和多用途的城市网。第四，强调足以使"区"运行的空间的功能特性……没有什么比一条孤零零的街道更无用的了，这样一条街道的问题多过功用。

在我长大的郊区，我所看到的正好是与雅各布斯的建议相悖的情形：没有生命的街道，"不起作用的"交通干线，既没有意义也没有文化，没有出口的千篇一律的宿舍区，等等。

随着城市农业、植物墙、生物治理（利用有机体来减少污染的技术）以及垂直农场的出现，土地逐渐回到了城市。在名为"牡蛎结构"的项目中，

---

[1] 最近在首尔进行的关于这一主题的最大规模研究证实了这些准则，参见：http: //grist.org/cities/what-makes-a-city-great-new-data-backs-up-long-held-beliefs/。

[2] Sub-city 或"区"。这项适合作为城市次级单位的小城镇的原则，成功地避免城市居民淹没在人流中，如今在巴黎最受欢迎的居住区得到了证实，例如鹌鹑之丘、圣日耳曼、蒙特吉尔或者蒙塔涅-圣热讷维耶夫街。

建筑师凯特·奥尔夫的主要目标是用牡蛎来清除纽约郭瓦纳斯运河的污染。关键还在于建造一个符合神经工效学的居住区，这肯定是一个"富饶的居住区"（借用天才建筑师樊尚·卡勒博的说法），因为如果有一个符合神经工效学的环境，那一定是大自然，所有城里人周末都想回归大自然。

我们的大脑容易疲劳，我们的驱动力也一样。而城市生活危险地消耗着我们的体力。在我们起床时，甚至在我们的睡梦中（在城市中睡眠越来越难以让我们恢复体力），紧张、焦虑和沮丧向我们袭来。相反，理想的居住区应该使我们的体力得以恢复。在人所营造的环境中，如今正在形成真正的"皮质醇制造"现象。

这是什么意思呢？皮质醇是在脑腺的命令下由肾上腺产生的，是对压力的反应。世界绝大多数人口生活在城市，我们看到与失眠、抑郁和自杀相关的高肾上腺皮质醇血症几乎成了一种流行病。然而，城市不应使我们的皮质醇升高，它应该使其不断降低。可是它不仅使我们所受的压力加大，而且西班牙的一个研究小组证实城市的大气污染还导致建在高速公路边上的学校里的儿童认知力下降[1]。

如果建筑师们逐渐将皮质醇制造概念应用于他们所建造的街区和城市，符合神经工效学的居住区就会出现。这样的居住区将帮助居民恢复活力，而且是随时随地，不只是在专为文化活动设计的方案中。在一元文化并不存在的大自然中，一切取决于一切，即 omnia ad omnia[2]。如同理想的学习是多渠道的一样，理想的街区是多功能的。符合神经工效学的校园也一样。

---

[1] 德纳道伊，斯塔亚诺，拉尔谢等，《从手机数据的角度看意大利大城市的生与死》。

[2] 拉丁语。——译注

弗兰肯斯坦校园

事实上，没有任何建筑物与未来的联系被认为比校园更加密切。校园是人们为自己的未来做准备的地方，因此，校园应该是典范。从亚历山大到10世纪巴格达的圆形城市，包括马丘比丘和希腊的圣托里尼，这些建筑创意的高地都是"实用的梦想[1]"，连接着天地与大地。

某些国际知名的大学校园运转得非常好：剑桥、普林斯顿、牛津、哈佛或斯坦福……另外一些运转得不好，包括巴黎附近的奥尔赛和萨克莱的校园，去那里参观的外国人批评说缺乏人类工效学。由于交通十分不便——只有一条常常出故障并且夜间不运行的老旧的市区快速地铁线路连通那里，该校园与首都的魅力一点也不沾边。它从未被认为是一个卫星城镇，绝对与剑桥或牛津相反，剑桥或牛津的学生较少，但夜生活要丰富得多。

我曾有幸与埃法日的研发中心一起就"明天的校园"开展研究，我的研究结论是必须不惜一切避免"弗兰肯斯坦校园"，这样的校园仅仅是为地狱式的三点一线"地铁–工作–睡觉"中的"工作"设计的。

为什么不能在同一个区域生活和娱乐呢？巴黎郊区受害于这一基本错误，法式校园，其构思如出一辙：当美国人参观巴黎综合理工大学时，他们很难从中看到"加州理工"的影子——夜幕降临时，除了学生们勇敢上演的余兴节目，其唯一的吸引力是每隔一晚出现一次的比萨车。诚然，该学院本质上是一所军事学校，应有某种程度的隐蔽，但在 Gif-sur-Yvette（伊维特河畔的吉夫，即法国国家科学研究中心巴黎–萨克莱大学的校区）也是同样的情形，

---

[1] 建筑设计师雅克·鲁热里的说法。

以至于有人想要给它改名为"Jpeg-sur-Yvette"，原因是它缺乏活力！[1]

　　1953 年一天的深夜，在剑桥的老鹰酒吧，沃森和克里克明确了 DNA 有双螺旋结构的想法。这种事不大可能发生在夜幕降临时全然阴郁又不太惬意的法国校园里。

乌龟的隐喻

　　库里蒂巴（巴西南部城市）前市长、建筑师贾米·勒讷在乌龟的隐喻中大致阐述了多功能街区的理念。城市结构连同其小城镇一起，可以被看作乌龟的一片片龟甲。如果人们把乌龟的龟甲一片片地扯下来，乌龟不会高兴，同样，如果人们按照"地铁-工作-睡觉"区分城市的功能，城市也不会高兴。

　　功能区分来源于工业革命，那个已经过去的时代。在那个时代，人们自然不愿意生活在工厂烟囱的阴影下，但如今，是系统友善的城市的时代。因此，不应该是城市对我们的神经产生影响，而应该是我们的神经对城市产生影响。一座令人失望的城市是暴力之城。我们的年轻人所待的郊区没有意义，没有未来，也是他们的父母在他们之前所待的地方，父母有时殴打子女以发泄自己的失望情绪，子女则仿效父母的行为，暴力代代相传。

　　明日之城不会与大自然竞争，而是与之合作。城市将围绕这条无形的中心线构建起来，不冷落任何一个街区，否则这些街区将会坏死，威胁整座城市的机制，就像一个受到感染的器官会导致全身发烧一样。"城市针灸"理论尤其阐明了这一观点，根据该理论，有针对性的建筑活动能够净化整座城市。

---

[1]　JPEG 是一种静态图像格式，与动态图片格式 GIF 相反。

如果还要举出其他例子来说明一个"令我们神经紧张"的城市是什么样的，那么让我们回想一下戴维·麦凯教授的悲惨结局吧，弥留之际，他在医院泪如雨下，因为在他生命的最后几周里，他没睡过哪怕一个安稳觉，他的房间不论白天黑夜都很吵[1]。每一桩苦难都有其重要性，关键不在于比较这些苦难，而是认识到在我们的城市中，我们能够减少各种结构对我们神经的刺激。

性行为的神经工效学

诱惑与成瘾

如果说自我是企业的第一杀手，那么在夫妻关系中也是如此。自我对我们说"给我我想要的"，而真正的我则怯生生地请求"给我我所需要的。"

有两类夫妻。第一类以自我为基础，遵循一种契约方式（"有来才有往"），一旦相互之间的供求得不到满足就有可能失衡；第二种极其罕见，是以无条件的爱为基础。

一般说来，分享这样一种爱的人既不需要诊断，也不需要科学帮助。相反，对于想改善其浪漫体验的人来说，吸引、上瘾以及夫妻关系的训练等神经工效学手段仍然令人感兴趣。

诱惑的技巧数不胜数，众所周知，尤其是在男人–女人的情况下，这方面的资料最为翔实。早在把妹达人（这群勾引高手）出现之前，情报部门就

---

[1] 见《每日电讯报》报道《剑桥教授死前因嘈杂的医院而落泪》，2016。

在设计、实施和完善各种技巧，以便以罗曼蒂克的方式接近一个目标，不论其是男是女，目的是使其在情感上依附于自己，从而套取尽可能多的情报。因为人类对情感严重上瘾，绝大多数诱惑技巧都拿这个做文章。为了引起目标的眷恋，人们与其分享强烈的情感，甚至可能是在很长的一段时间里。事实上，我们更容易信任曾一同经历过重大事件的人，在某些情况下，我们有可能将此种强烈的情感与罗曼蒂克的感觉相混淆。

因此，诱惑（或把妹技巧）的基础是"情感贩毒"：通过给予目标一定数量的情感、话语和行为（这些是目标想要的，虽然其常常并没有意识到这一点），让目标产生强烈的依赖。只有在目标不了解自己的情况下——这与其说是例外不如说是通例——这种方法才会奏效。

男人与女人

在异性关系中，在"理想"伴侣的数目方面一般存在男女之间的巨大差异——男人报出的数字要高很多。1997年，兰德·菲什金和理查德·米勒对大学生进行调查，他们提出的问题是："你一生中想要多少个性伴侣？"结果显示，男孩们的平均数高于60，而女孩们为2.7[1]。

这一差距的生理学解释中通常会提到生殖力：根据一种过于简单化的解释，妇女平均一个月只有四天有生殖力，而男人长期具有生殖力，在性方面，跟女性相比约束较少。然而，也可以用社会因素来解释观察到的这一现象。事实上，人们认为，男人如果承认自己征服过许多女人，其自身价值会得到

---

[1] 彼得森，米勒，普查-巴加万图拉等，《在希望拥有伴侣数量方面的性别差异发生了变化？——些基础研究》。

提高，而女人这样说则会受到轻视。

关于人类异性性爱行为的神经科学知识，就是该行为基本是不对称的。在异性性爱关系中，男人的期待与女人大不相同，原因主要是进化。两性在孕育中的角色不同，例如在能量耗费方面，一个男人能让一个又一个女人受精，然后离开她们，但妊娠的生理现象没有赋予女人这样的自由。

人们还注意到，对女人来说，男人身上据说最常见的性感标志大都是后天获得的，例如 V 字形身材（可以练成）和睿智。这两个特征体现了打猎和保护后代的能力，在众多人类文明中普遍存在。

相反，对男性来说，女性的吸引力通常来自基因方面的属性。腰与胯的比例（约为 0.75，因此是 3/4）是一个全世界公认的性感标准。一个臀部较大的女人以某种方式"示意"一个男人，她怀上的孩子不会缺少某种大脑发育所必需的脂肪酸。不过，我们注意到，虽然公认的性感标志很有可能在所有国家都讨人喜欢，但许多文化因素却能使一个男人或女人对异性具备诱惑力。无论如何一个男人或女人的吸引力并不局限于基因方面；另外，我认为，除了基因，成熟是人类最强的催情剂。

一般可以看到，男人想要尽可能多的发生性关系的机会，而女人想更多地选择这样的关系。"Tinder"这些异性约会软件证明了这种不对称：照片一张接一张地出现，用户如果不喜欢的话就把手机屏幕上的照片往左滑，喜欢的话就往右滑。毫不意外，男性每天浏览的照片比女性多得多，这是这款软件今天的主要问题之一。

吸引法则

在一个有名的实验中，瑞士生物学家克劳斯·韦德金德想要了解主要组织相容性复合体（CMH，我们免疫系统的关键一环）的基因差异是否能在一定程度上解释为什么男性身体的某种味道更讨某些女人喜欢。他让一些大学男生连续两个晚上穿同一件 T 恤，问女生们是否喜欢这些 T 恤的味道，他从实验中得出的结论是，女生们更喜欢 CMH 与自己相差最大的人的味道[1]——如果她们采取了避孕措施，则看不到这一选择[2]。

人类吸引异性的标志在几个月的时间里没有变化，而女性身上受异性偏爱的特征则周期性地发生变化，吸引力也一样：女性在有生殖力的时候更具吸引力。例如，一些研究人员注意到脱衣舞女在排卵前那段时间收到的小费远高于平时[3]。在另一项实验中，人们观察到一组西方男女不假思索地说，如果照片上的男人有胡子的话，他会是一个好父亲。同样，一名有生殖力的妇女往往觉得蓄着胡子明显更有男子气。[4]

另一项著名的实验是佛罗里达州立大学的拉塞尔·克拉克和埃莱娜·哈特菲尔德在 1982 年开展的。在该实验中，研究人员出钱让一些被认为"姿色平平"的女大学生去搭讪几个校园帅哥，并提议在 12 个小时内发生性关系。

---

[1]　韦德金德和菲里，《男女的体味偏好：偏好针对的是特殊的 CMH 组合还是简单的杂合性？》。

[2]　韦德金德，泽贝克，贝滕斯等，《依赖于 CMH 的人类择偶偏好》；桑托斯，沙因曼，加巴尔多等，《CMH 影响人的气味感知的新证据：对巴西南部 58 名大学生的研究》；桑希尔，康格斯特，米勒等，《CMH 基因、对称和男女中的身体气味吸引》。

[3]　米勒，泰博尔和乔丹，《排卵周期对脱衣舞娘小费收入的影响：人类发情的经济证据》。但涉及 18 名妇女的该项研究只跟踪了两个月经周期，可能会引起争议。

[4]　迪克森和布鲁克斯，《发须在女性对男性的吸引力、健康、男子气和生育能力的看法中的作用》。

75% 的男孩接受了。随后反过来做了相同的实验：没有一个女孩接受[1]。因此，人们还注意到在人类异性性爱行为中的不对称：男孩们抓住尽可能多的机会，女孩们更多地进行选择。

这种性欲的不对称也解释了为什么"Antidate"会取得成功，这款应用软件对男人但不对女人进行地理定位。换言之，女人可以寻找并搭讪一个男人，但反过来不行。由于持续具有生殖力，男性在被女性拒绝时更倾向于坚持，抑或是愿意不费力气地让人靠近自己？另外，在某些情况下，坚持对女性来说也具有吸引力。事实上，在不需要做出求偶努力的情况下被女人召唤正是许多异性恋男子没有说出口的幻想，因此像"Adopte un mec（女性为王）"那样的网站会获得成功。

另一个令人着迷的神经工效学现象是"性冲动混淆"（misattribution of arousal，即唤醒的错误归因）。如同某些生理学标记（心率加快、觉得热、深呼吸等）可能代表激动也可能代表另一种情绪一样，我们有可能将另一种情绪与性冲动混淆。在旨在证明这一混淆的实验中，唐纳德·达顿和阿瑟·亚伦的实验资料最为翔实[2]。实验记录如下：实验人员挑选了一名被认为非常性感的女大学生，实验对象是一些异性恋男子，他们在通过一座长达 140 米且经常在大风中摇晃的桥后与女大学生相遇。年轻女子让他们做一项测试，然后把自己的电话号码留给他们，对他们说她可以提供更多的实验信息。从男人们的表现来看，如果他们一过桥，她就立刻把自己的电话号码给他们，而不是等他们回过神来之后，男人

---

[1] 克拉克和哈特菲尔德，《在接受发生性关系的提议方面存在的性别差异》。

[2] 达顿和亚伦，《在极度焦虑状态下增强性吸引的证据》。

们给她打电话的倾向性会更大。根据达顿和亚伦的解释，在该实验中，强烈的激动（过桥）与性冲动被混淆了。另外，"冲动混淆"也是专门勾引女性的男性熟知的一种现象，他们知道自己的勾引对象可能将强烈的愤怒与性冲动混淆。[1]

---

[1] 怀特，菲什拜因和鲁斯坦，《轰轰烈烈的爱情与唤醒的错误归因》。

5. 市场营销、政治和新闻业

市场营销的神经工效学

产品及其光环

市场营销的目的就是使欲望胜过需求。因此，如果说市场营销的发展与大部分消费品供过于求有关，这并非偶然。然而，所有市场营销手段都作用于神经（营销人员刺激消费者的神经），因此，这是一个神经-工作一致的完美例子，相关研究具有很高的神经工效学价值。正如伊得利斯·沙阿本人所说的："在麦迪逊大道，你会比人性专家更了解人性。[1]"

市场营销全凭经验和在试错中进行的特点使其在逻辑上与自然淘汰的过程十分相像：由于其最终目的是成功推销，所以只有起作用的技巧得到模仿和加强，其他技巧则遭到淘汰。此外，其选择之激烈、范围之广和持续之久

---

[1] 纽约曼哈顿的麦迪逊大街，代指美国广告业，是当代市场营销史上的神经节之一。

都使得市场营销专家比神经科学家更擅长操控对象。但神经科学家能从发生的操纵现象中抽出作用于神经的手段。这一工作方向令人十分感兴趣，但它没有承受如同市场销售那样的变化中的压力，正因如此人们还是让市场营销专家来从事市场营销，这是有道理的。

广告的基础是联想记忆。如果你想推销一件产品，你应该把该产品与人们想要但无法得到的某种东西联系起来。最重要的是人们永远得不到与你所推销的产品发生联系的这个东西，以至于失落感始终存在：换言之，你应该让人产生口渴的感觉，然后把油卖给他，因为你已经把油与甘泉的形象联系在一起了。油永远不会让你的客户止渴，因为油不是水，但正是对水的渴望使得油得以售出。然而，如果消费者能够以你的油的价格直接买到水，你的生意就危险了。因此，你的产品让人联想到的东西应该是人们永远得不到的东西（自由，革命，充分发展，等等）。

顾客在购买产品时，应该下意识地认为购买了与该产品有关的光环。因此，消费者购买产品不像人们购买原材料，消费者购买的是产品的光环：产品的精神力量大于其唯一功用，因此在购买者心里占据着更大的情感空间，好像充了气一样。通过大脑成像也可以证明这一点。通过联想记忆的手法给产品"充气"是市场营销的技巧之一。购买者将根据该空间的大小确定自己的支付意愿（或者说心理价位），这是最重要的价格决定因素，甚至比供求关系更重要。

事实上，如果消费品供过于求，那么预计价格会降低，因为产品过剩。然而，市场营销的关键在于给产品增添一个光环，以超越供求关系激发购买意愿。这就是如今人们不再相信"经济人"理论的原因之一，根据这一理论，人不过是金钱的"不知餍足的追逐者"，机械地做出买卖决定，以满足自己的最大利益。今天神经科学带给我们的是人们在购买产品时试图使某种东西最大化的看法，这种看法要细致得多。

令人沮丧的技巧

当代市场营销依赖于长久的沮丧，这种沮丧具有危险性，因为有可能滋生暴力。我自己就万分震惊地观察到从没谈过女朋友的年轻人——尤其是在某些国家——能够表现出何种程度的暴力倾向。我并不是说这其中有因果关系。但我倾向于认为社会上或身体中的暴力（例如癌症、抑郁……）是"基于概率的存钱罐"，人们一点一点往里扔硬币，直至这样一件事发生：车子被人划了的驾驶员拿出枪来将干坏事的人打倒在地，以纾解自己的沮丧，而他的沮丧更多来自长期的积累而非由当下事件引发。沮丧可以以个人或集体能量的形式进行"囤积"和处理，甚至可以加以操纵、增强和引导以制造骚乱或动荡，情报部门十分清楚这一点，它们知道可以为地缘政治的目的利用集体的沮丧感。另外，在这一用途显现出来时，人们看到的是口号、手段，麦迪逊大街并不否认这些。沮丧是引发暴力的绝佳手段。

当人们把消费建立在沮丧和长期渴望的基础上时，问题是社会得支付以人命、事故、重罪、轻罪计算的暴力税，因为其经济在这一沮丧感造成的紧张气氛中运行。正如旧电机会火花四射一样，我们这个变得沮丧的消费社会的发动机迸出暴力的火花，有可能引发火灾。神经心理学甚至可以就此制定一个指标。因为我们今天的问题是没有国民沮丧感就不会有国民总产值，也许可以部分量化这一沮丧感，而这一沮丧感也许可以解释为什么在人均国民生产总值高的国家抑郁、自杀或悲观的比例这么高。如果我们的经济转向消费，而消费转向市场营销，那么我们的经济就转向了冲突、沮丧、不满。心满意足的顾客不再消费。没有得到满足的顾客才会消费。就是这么简单。被策划的不满足感与被策划的旧物淘汰对现代经济同样重要。

　　当然，从这一观察结果可以得出的结论是，消费不再服务于人，而是人服务于消费，因为他准备用自己的幸福做抵押，以便更多地消费。也许将从我们的错误中增长见识的子孙后代们会把沮丧感看作堪比环境污染的心灵污染。他们会说："你们要知道，这些新中世纪的野蛮人是如此肮脏，以至于他们觉得污染自己所呼吸的空气、所喝的水、孩子们喝的牛奶，直至污染他们的血液、骨头和头发是正常的，我们的相关分析显示他们被铅、镉、汞、砷和二噁英污染了。但最糟糕的是，他们觉得仅仅为了刺激经济发展就要用沮丧和长期的不安来污染自己的心灵再正常不过了。"

　　"如果说暴力是沮丧的结果，那么我们应该在其表现出来之前发现这种感觉。[1]"伊得利斯·沙阿的这句话阐明了沮丧感与暴力之间的关系，以及应该抱着什么样的念头阻止其爆发。政治家们最好能从中受点启发，例如在法国郊区或美国黑帮的例子中。在古代，某些社会规定每年有一个时期可以释放城市中累积的沮丧感。这就是酒神节、狂欢节或者其他这类活动。如今色情网站上有虚拟酒神节，这一虚拟酒神节每天回收一点我们社会中累积的沮丧感和紧张情绪。且不提卖淫，卖淫的社会作用似乎显而易见，然而这一显而易见实际上只是由于我们的经济转向了沮丧和不安而非从容，转向了喧闹而非宁静，转向了缺失而非完美。

爱欲与死欲，市场营销的机关

　　市场营销通过联想来推销产品，因此有两个最基本的手段：性和恐惧。爱欲和死欲是两个最强大的传播话题。人们利用爱欲来激发积极的欲望（"我

---

[1]　伊得利斯·沙阿，《一双眼睛》，BBC 纪录片。

想要这个"），利用死欲来激发消极的欲望（"我不想要这个""我不希望这种事发生"）。你想向人民推销一场大战？利用死欲。你想推销一种美味的啤酒？利用爱欲。不论是推销战争还是啤酒，使用的都是同样的花招。如果你想向人民推销一整套破坏自由的措施，同时征得其暗示或明示的同意，你当然需要死欲。

一般说来，死欲比爱欲更能吸引我们的注意力。你们可以反驳我说这不是真的，但众所周知，哺乳动物的生殖冲动使它们甘于轻率地冒险，从这个意义上说，爱欲胜过死欲。但是，两个正在交配的哺乳动物不会对捕食者的突然到来无动于衷，而一个正在逃避捕食者的哺乳动物也许对一个性伴侣的突然到来无动于衷。因为一个失去生命的动物无法再繁衍后代，而失去几次繁衍机会却不会危害生命。

相反，虽然恐惧能够引起强烈的关注并且可以激起购买欲（贩卖武器的人很清楚这一点，无论其销售对象是个人还是政府），但恐惧也可能使人们更加保守，促使他们减少消费。相反，性赋予人们自由，有助于冒险并鼓励人们更多地消费。正因如此，性绝对是目前市场营销中使用最多的手段，因为受死欲刺激的人群最终不如受爱欲刺激的人群更爱消费。

所有这些考量，广告商们早就归结为了一句话："性助推销售"。举个例子：人们把一位妙龄金发美女与啤酒相联系，因此在购买啤酒时，消费者觉得是得到了金发美女，虽然他并未意识到这一点。不过这样的联系可以走得更远。最近我被 YouTube 上的一则品位奇特的广告惊呆了："操纵一台拥有高精尖技术的机器。"人们在这则广告中看到的是一个魅力十足、自信满满的女人与一名歼击机飞行员在一起，所谓的机器，是熨斗……确实任何一个家庭主妇都更愿意操纵一架飞机而不是一个蒸汽熨斗，这则广告正是利用了这种不满意的心态。

在吉列剃须刀的广告中，一个男人把自己刮得干干净净的脸贴在一个女人丰满的胸脯上。在法国饮料品牌 Orangina 的广告中，是各种人形动物，而其性魅力被特别突出（柔软的母老虎、胸脯丰满的兔子等）。在这个例子中，联系因为难以理解而变得更加强大。人们能够想象购买啤酒的人与广告中的金发美女发生性关系（尽管概率很小），但无论是谁都不可能遇到 Orangina广告中的那些生物。

联系还可以走得更远。什么是非洲青年最想要但无法得到的？签证。因此，菲利普莫里斯公司尝试在尼日利亚推出了一个香烟品牌"签证"。盒子的颜色让人想起护照，盒子上有一个以大西洋为中心的地球的图案：一边是非洲，另一边是美洲。广告标语是"国际过滤王"。有必要说明的是王者这个意象也能让商品大卖：我们全都想君临天下。

赫布突触与联想记忆的作用

在广告联想中起作用的其中一个神经元机制是赫布突触，赫布突触得名于其发现者唐纳德·赫布，1949 年唐纳德·赫布在《行为的组织》一书中建立了该机制的理论。有一个名句对赫布原理做了概述[1]："一起放电的神经元串联在一起。"换言之：当神经元同时活跃时（"一起放电"），这些神经元相互连接（"串联在一起"）。该机制为联想提供了生理学基础，尤其是在记忆中。看见蒙娜丽莎的微笑足以让我们想起蒙娜丽莎整个人。一种气味可以勾起我们的无数回忆。

市场营销利用这一机制给产品制造一个相关记忆的虚拟光环。该光环常

---

[1] 该原理并不适用于所有神经元。

常由信息营造，但有时也可能来自亲身经历。麦当劳曾有一个天才之举：将巨无霸的沙司味道与在麦当劳庆祝的 一个生日联系起来。这就是所谓的插曲式或自传式市场营销，也就是将商标与顾客生平的"标记"相联系。在这种情况下"商标"的含义更广，因为所标记的不再是产品，而是消费者本身。事实上，商标不再满足于推荐一个产品，它出售的是一段经历，而经历与神经有关。

赫布联系机制包含在其他一些认知功能中，例如联觉、虚拟现实、驾驶、象征性学习、有效的条件反射，等等。这是广告商在广告中使用的手段之一，目的是引起产品的认知扩张，也就是说使产品产生虚拟价值，该虚拟价值将转化为真金白银。然而，我们只是对应该用真金白银支付的这种"神经价值"的巨大潜力做了肤浅的研究。如今，电子游戏和网络游戏行业，尤其是需要用户投入金钱的游戏，在这方面进行了大量探索，因为其生存取决于此：该行业创造虚拟货币，让我们掏钱获取为虚拟人物下载新衣服或者为城市下载新景观的权利。

眼下，神经经济学感兴趣的是行为、客户决策及其动因并将此最大化的手段。神经经济学还应该关心人们真正想要使之最大化的东西（情感、想法等）以及如何从神经元方面增加产品或服务的价值，从而提高售价。

世界上最有趣的人喝多瑟瑰啤酒

在美国有一个十分著名以至于如今在大部分传播课程中都会讲到的市场营销案例。事实上多瑟瑰啤酒品牌的广告是各种联想手段的巧妙结合，以及另一个关键的市场营销手段：实施中的创新。在短片中，一个被描述为"世界上最有趣的"完美人物登场。广告首先一一展示其过人之处（"他的衬衫没有一丝褶皱""连蚊子都不会叮咬他""他会说世界上所有语言，有三种语言只有他会说"，等等）。随后人们在一个装修精致的酒吧里看到他，这是一个年逾六旬的男人，男子气十足，被一群迷人的妙龄少女簇拥着，他声音低沉、语气坚定地说道："我并不总喝啤酒，不过当我喝啤酒时，我最喜欢多瑟瑰。"接着他说道："Stay thirsty, my friend[1]。"

人们在该广告宣传中发现了什么？策略和心理学。在策略上，该啤酒的定位是所有年龄段（不论是否合法）。所有人都想成为"世界上最有趣的人"，不论是青春期的少年，还是已经退休的人，抑或是年轻的一家之主。然而世界上最有趣的人如果要一直有趣，就不能喝没有特色的啤酒，所有人都知道的啤酒。因此，广告商利用其品牌不太有名的特点使之区别于其他啤酒，顺便可以解释该啤酒为何卖得更贵。广告商将其产品的弱点变成了优势。该广告宣传的另一个巧妙之处在于其二级操控。它并没有直接命令观众喝多瑟瑰（世界上最有趣的男人只能喝该啤酒），而是让主人公说出了这样一句话："当我喝啤酒时，我最喜欢……"随后是一个催眠性的指令："Stay thirsty, my friend"。该指令因为前面长长的铺垫而变得更加有效。

多瑟瑰广告的影响之大足以启发其他广告人推销男用尿布的技巧！一个因解决男性失禁问题而知名的品牌在广告中展现了一个举止优雅、富有魅力的成年男子，在顺便表现其生活多么激动人心的两个场景之间，他骄傲地宣称喜欢掌控自己的环境，他可不是那种让轻微的遗尿打乱自己生活节奏的人。多瑟瑰完美呈现的"世界上最有趣的人"有了竞争对手。

市场营销的另一个神经元手段：适应。在长时间受到刺激后，感觉神经元将不再发送信号。例如，在你坐了很长时间之后终于站起来时，你身上会

---

[1]　"保持饥渴吧，我的朋友。"

留有椅子的印记。其原因是你坐在椅子上时一直受到压迫的伤害感受器干脆停止发送信号，让你觉得自己一直是在坐着，尽管你已经站起来了。同样，如果你盯着一个光源看，其印记会在你的视网膜上存留一段时间，因为神经细胞对此已经适应了。

适应使我们对常见的事物无动于衷，以至于这些事物对我们的感觉和意识而言不再突出。然而，如果说突出是广告存在的目的，那么常见则是其本质（供过于求）。常见与突出之间的冲突将市场营销带入了世界级的竞赛，比的是与众不同和引人注目。然而，使一则广告与众不同的技巧不是什么人都能掌握的，正是例外之举成功地造成了反向冲击。

苹果公司的广告

市场营销的专业人士制定和检验了划界的重要性，尤其是塞思·戈丁，他对此做了清楚的表述[1]。同样清楚的还有苹果公司 1984 年推出第一台麦金托什个人计算机时家喻户晓的广告，如今这则广告也在所有市场营销专业和学校被讲授。其好处就在于绝对与众不同，这使得它更偏向认知而非行为：它不谋求有效的条件反射或者对单纯的，甚至强迫的行为进行暗示，而是思考、幽默和深度。

在雷德利·斯科特拍摄的这段承认参考了《银翼杀手》的广告片中，好几条麦迪逊大街的既定规则被公然打破，以至于当时的广告人对该广告持怀疑态度。然而，其文化影响可与其独创性比肩，它为如今世界上最被看重的

---

[1] 戈丁，《戳盒子：上一回你生平第一次做某件事是什么时候？》。其商业吸引力来自逆向心理："如果你满足于只是做一个爱胡思乱想的人，你也许需要这本书。"

商标得到承认做出了贡献。短片展现的是一个反乌托邦的社会，大屏幕有上一个像"老大哥"一样的人在机械地讲话，所有社会成员千人一面，迈着仿佛弗里茨·朗的《大都会》中的步伐向前行进。这时出现了一名手执大锤的女子，阿尼娅·梅杰，她强健、果敢，与周围灰扑扑的单调环境形成强烈对比，就在治安武装力量即将控制住她的时候，她打碎了屏幕。这时屏幕上闪现出一条信息，黑底白字："1月24日，苹果将推出麦金托什机，你们将知道为什么1984不会是《1984》。"

该宣传打破了规则，它甚至不介绍产品。它不刺耳，既没有陈词滥调，也没有宣传口号，但它精神饱满。它想启发的联想不是行为方面的。相反，它促使人们思考，这出人意料，尤其是知道小说《1984》的美国人在1984年超级碗的观众中寥寥无几时。然而，其成功的反常之处就在于这种与众不同。这是一则出人意料的广告，发人深省，因为它展现了电视机前愚昧的观众。这起到了作用，它自己将屏幕打碎，声称要解放而不是奴役观众，这一行动引起了从内到外的回响，因为它没有发出传统广告具有强烈催眠作用的信息。它出人意料，对我们的大脑来说，出人意料的东西是突出的。在传播方面，这是一条黄金定律，必须当心毫无新意的东西。

事实上，我们的大脑由于受进化和文化的影响而无视毫无新意的东西。例如，在情报工作中，人们认为一名优秀的特工擅长以对周围环境来说毫无新意的东西作为掩护。

猴子和管风琴演奏者：但广告面向的是谁？

但在传播领域，一定程度的熟悉有其好处，因为这有助于弱化我们的批判意识。为推出《星球大战》新三部曲而开展的宣传活动很好地证明了这一效果。我们知道在海报上展现一件武器可以增加观众的数量，因为暴力和恐惧必然会使我们感到震惊。《星球大战》第一个三部曲的续集推出时使用了一种既简单又可预见的技巧来打破平庸，同时正视人们对《星球大战》的熟悉。《星球大战》的情感价值核心是光剑，这毫无新意。于是，为了推出第一个续集《幽灵的威胁》，制片方把一把双头光剑与达斯·摩尔一起搬上了舞台。为了在16年后推出第二个续集《原力觉醒》，电影宣传广告展示了一把十字形的光剑。只有一句简介提醒观众们注意："你们将看到一把形似亚瑟王神剑的光剑。"这是一种稍加变化以打破平庸的方式，为的是少冒风险，预算合理，这一系列的成功推出证明了这种方式的优势。

实际上，市场营销的神经工效学自柏拉图以来鲜有进展。人的灵魂是一辆由两匹马拉着的小车，一匹马代表我们的激情——"发号施令的我"，另一匹马代表我们的节制——（"真实的我"）。一般说来，市场营销针对的是发号施令的我。这个"我"在自然界有大量例证。卷尾猴的行为是其中之一。在实验室里，卷尾猴对糖的欲望是如此强烈以至于它吃到呕吐，然后再跟实验员要更多棉花糖。这是一个"给我我想要的"的例证，这种情况在自然环境的制约下变成了"给我我需要的"。在自然界，卷尾猴并不能大吃特吃，因为它酷爱的棉花糖并不长在树上。

让我们的大脑相信与事实相反的东西正是市场营销不大高尚的目的之一：在广告的世界里，棉花糖确确实实是长在树上的。

人们常常认为下面这句话出自丘吉尔之口（据我所知不是）："当演奏管风琴的人在房间里时，别跟猴子争论。"猴子，就是发号施令的我，管风琴演奏者则是我们的理智，真正的我。一般说来，市场营销竭尽所能地激发"给我我想要的"，并且尽力赶走那个谦卑地嘟囔着"给我我需要的"的那个人。

　　"当真正的我在房间里时，不要跟发号施令的我争辩"，这就是现代市场营销的金科玉律。

　　因此当时 TF1（法国电视一台）的老板帕特里克·勒莱宣称他的企业向各种品牌出售可自由使用的人脑时间时，激起了抗议之声。尽管玩世不恭，但从神经工效学分析的角度看，这种说法完全正确。此外，这不只是 TF1 的商业模式，也是谷歌的，尤其是其子公司 YouTube 的商业模式。

　　我一直记得朱利安·杜维威尔与让·迦本的电影《逃犯贝贝》中的那句对白。一群强盗与窝主在偷来的珠宝上讨价还价。老头不耐烦地对他们中的一个喊道："让他想想！"另一个人回了句："他想得越多，大家的损失就越多！"这句话正是市场营销的基础：购买行为应该是迅速的、冲动的，尤其不能是"给我我需要的"，而必须是"给我我想要的"。售货员要是听到顾客说"我要想想……"，那再糟糕不过了，不是吗？当代市场营销助长我们的自我，与之相伴的是给社会造成的种种令人讨厌的后果。

诈骗的人类工效学

庞氏骗局

　　"给我我想要的"不同于"给我我需要的"，这也是诈骗的原理。为了欺骗别人，我们应该说他想听到的，绝不要说他应该听到的。在成功的诈骗中，让我们以金字塔式销售为例：我建议你成为我公司的销售员。你以 100 欧元进入我的体系，我承诺你 1000 欧元的投资回报；但条件是你要招募另外 20 名像你一样的销售员，他们的作用是付钱给你。

当然，你被你的发财梦蒙蔽了双眼，没有注意到这项条件。

庞氏骗局，即金字塔式销售，在亚洲地区尤为大行其道（庞大的人口数量为其提供了一个宝贵条件），好几个保健品（维生素药丸）企业已经根据庞氏骗局的原理发了大财，它们在普通人中招募销售员，以产品为幌子进行金字塔式销售。喜欢操纵他人者也清楚这一概念，他们懂得在索要什么要花钱的东西之前，应该先索要某种免费的东西。你要乘地铁却没有票？你希望某个陌生人让出一张票给你？先问他时间，你成功的希望会更大[1]。

任何诈骗都从给受害者他想要的东西开始。但正如苏非派教徒说的，"诱饵显而易见，隐藏的是陷阱"。在猎猴人的寓言中，陷阱是瓶子里的一颗樱桃。猴子把手伸进瓶子，但如果它用手抓住樱桃，就没法把手从瓶子里抽出来。樱桃不过是幻影，猴子永远也得不到。猎人抓住猴子，让它放开手里的东西，然后又去诱捕其他猴子，用的还是那一颗樱桃。

樱桃，这是我们的自我想要的幻影。任何诈骗都对自我起作用，这是一个自我认识、发现我们的悲观失望、幼稚向往以及幻想的机会。假的先知、假的上帝、假的精神领袖，那些推销"神秘之旅"的人为你打造了一个符合你期待的世界，并让你对这个世界产生依赖。高明的骗子比谁都清楚你想要什么，他让你觉得他是唯一懂你的人，于是你对他给予更大的自恋式的关注。在陷阱中陷得越深，逃脱陷阱就越困难，因为真相的成本越高，接受真相就越困难，这就是诈骗的全部运行机制：如果你已经在骗子的承诺中或者庞氏骗局中投入了几千美元，你的无意识宁愿让你永远不要正视现实，于是你成了自己陷入囹圄的思想的忠实看守者。

---

[1]　茹勒和博瓦，《试论欺骗老实人的伎俩》。

诈骗与民主

其实，跟我们的"民主"结构相比，庞氏骗局不值一提，"民主"的基础正是上述那种给人们其所欲而非其所需的技巧。我还从未遇到过有勇气在演说中说出选民应该听到的东西的政客。选民往往表现得像个大孩子，期待他们的捍卫者摆出父亲和神的姿态。他们希望政治阶层解决他们本来能够自己解决的问题，他们在这点上的集体成熟度不比一个青春期少年的个人成熟度高。根据我对政治事件的观察，我深信选民从他们的幼稚中得到了一种可鄙的快乐……这正是政治的神经工效学与诈骗的神经工效学厚颜无耻但合乎逻辑之处。

政治和新闻业

信息的四个偏差

我们的意识在工作中有限制、有盲点，自由度相当低，对信息的领会和判断存在很多偏差，尤其是在集体治理方面。每次你考虑一种政治情形时，无论是移徙、失业还是对外政策或经济政策，别忘了你要调动一个至少有四种偏差的思维活动的空间。

第一个偏差：我们在日常谈话中所说的"事实"本质上是一种记忆。然而我们倾向于首先想起强化我们信念的东西。因此，我们的大脑自然而然地用令我们更坚定而不是让我们动摇的东西去填充我们的思维活动。在我们的头脑中，"事实"已经是变形的现实。

大脑喜欢看到其信念变得更加坚定。当它把一个观念投射给世界而该观念被印证时，它会产生一波强烈的多巴胺[1]补偿。于是证实我们的信念变成了一种让人欲罢不能的坏习惯。我们的大脑是有偏见的，通过追求深度和规律性与我们所获快感的程度相称的刺激，它鼓励我们形成有利于巩固我们原有观念的片面记忆，忘却或排斥让我们产生动摇的东西。

第二个偏差：我们的记忆，除了是片面的，本身还很不可靠。

第三个偏差：我们提供给思维活动的信息是已经被媒体的偏见和有意选择影响过的东西。

最后，第四个偏差：活命--餐原理的直接应用，对我们的大脑来说，一个坏消息比一个好消息更引人注目。事实上，在冰川时代，一个好消息最多不过是找到食物或获得繁衍后代的机会。坏消息则是死亡。对我们的大脑来说，好消息与坏消息之间的选择压力是不对等的，相比与快乐有关的信息，大脑将重得多的分量赋予与危险有关的信息：死欲远高于爱欲，高于一切情感（人们不谈准时到达的列车）。

在信息方面，取样的偏差可用一句话总结：报道坏事比报道好事更容易，一棵树的倒下比一片树林的生长动静更大。以移徙为例。对一个移民来说，让人说他的好话比说他的坏话困难多了。没人愿意报道一个诚实的、已经融入当地的、正常的移民的新闻。要想被人谈论，移民得做了"惊天动地的好事"才行（但还是不如"普普通通的坏事"令人印象深刻）。所以，媒体指名道姓地报道的事很有可能不是好事，我们的大脑自然而然地赋予这样的事更重的分量。

---

[1] 多巴胺是神经递质，这种脑内分泌物和人的情欲、感受相关，它传递开心和兴奋的信息。

一方面由于媒体报道的不公正，另一方面我们对新闻做出的反应的不公正，现实的结构变形了，甚至不成比例。我们的思维活动不尊重世界的比例。它以一种我们绝对意识不到的方式拉伸这些比例。

在其记忆的基础上进行辩论——进行宣传的政客、论战者、选民这些人就是这么做的——的人是在重叠起来的不稳定的四层底板上建房子：

偏差 1：我们更关注证实而非削弱我们的信念的东西。这是证实的偏差。

偏差 2：我们的记忆并不可靠。这是记忆的偏差。

偏差 3：媒体谈论更多的是坏事而非好事，因为坏事比好事更吸引眼球，更令人吃惊。报道坏事比报道好事容易得多。这是取样的偏差。

偏差 4：坏消息比好消息让人记忆深刻。这是考量的偏差。

最糟糕的是，尽管在绝大多数情况下我们的推论相较于现实是不牢靠的，我们对此却毫无察觉，以至于这种心理差异没有得到校正。我们的身体不断接受现实的反馈，比如蹬自行车的人会直接感受到重力反应。但我们的思维活动并非如此，我们的思维活动自由地沉醉在自己的幻想中，在社会上强化这些幻想。因此，我们被支持我们见解的人所包围，他们的谈话是每日多巴胺的一个重要来源。

那么，既然我们的论据建立在不稳定的黏土上，就应该什么都别建？当然不是。我们只能借助思维活动来开展我们的论辩，因此应该利用我们的思维活动并学会可靠的建筑技巧。

解决原始资料的差异问题很难。再说这种情况如此普遍，甚至深深地影响着科学界。由于人们一般只会发表强化主流思维的东西，所以出版物大多都与同行观点一致，学术文献具有共识主动性，它也不遵循现实的比例，却号称合理地呈现了该比例。非结论性的研究没有被发表，因此没有被纳入在综合分析的范围，这又进一步加大了对现实的扭曲。

虽然我们不能亲自对所有信息进行初步整理，但我们可以改变领会信息的方式。在这一技巧中，第一美德就是明晰的主观性。我们越是发展主观性，就越能矫正我们头脑的失真倾向。

新信息贩子们

哲学家阿兰·德波顿最近将即时新闻与宗教仪式进行了对比，确实晚上 8 点的报纸或早晨的简讯很有仪式的意味。我认为绝大多数听众追逐新闻更多的是因为情绪而非信息方面的原因。我们听新闻是为了得到我们每日的情绪剂，为了在第二天看到这种药剂的效果被同伴强化。因此，传媒也是这种顺从和一致性的深层根源。另外，其中还存在"情绪感染"。有人在 Facebook 以及其他网络社交平台上对超过 689 000 名用户进行过这样一项实验：如果人们更多地向一名社交平台的使用者展示负面消息，那名成员在网络上发表的东西会明显偏向负面，正面消息则相反。[1]

尽管是合法的，但这一大规模情绪操控实验引起了媒体的抗议声潮[2]，因为该实验让媒体和消费者意识到他们面对"消息贩子"的脆弱性以及他们缺乏自由意志。

事实上，我们以为自己是在挑选信息并在此基础上构思一段有逻辑的话，但其实并非如此。例如，当我们选择我们被限定选择的东西时，"选择"一

---

[1] 克雷默，吉约里和汉考克，《社交网络上大规模情绪感染的实验证据》。

[2] 钱伯斯，《Facebook 惨败：康奈尔的"情绪感染"研究违反道德标准码？》。

词没有多大意义：不管是物质方面还是思想方面[1]。在我们思考我们被限定思考的东西时，"自由思想"一词没有意义。"客观事实"同样没什么意义，因为没有事实，只有视角，即便在科学实验中也是如此（因为任何实验对现实的攻击角度都是有限的）。正是因为这个原因理查德·弗朗西斯·伯顿写道，"事实"归根结底是"最懒惰的迷信"。如果人们想要谈论事实，那么始终应该提示背景，实验背景，历史背景，等等。

为了打击种族主义，变成黑人！

蓝眼睛实验[2]对一句印第安谚语做出了诠释："噢，主啊，别让我评价任何人，除非我先穿上他的鹿皮靴跑上一里地。"即使是无意识的，幻想自己变成黑人在多大程度上能够改变我们的偏见？这是研究员拉腊·迈斯特尔及其在伦敦的合作者马诺斯·查济里斯团队提出的问题。

要理解他们的实验，必须明白我们的大脑充满了以赫布突触和共识主动性为典型的无意识的联想。这些联想过去是用在实验心理学中的，尤其是荣格的实验。在一个被认为是贾法尔·萨迪克（死于 765 年）创作的寓言中，人们也发现了心理生理学研究的痕迹：一位主人给一名生病的年轻女子把脉，发现她受到暗恋的煎熬，每次想起暗恋对象都令她心率加快[3]。在种族主义的情况下，偏见的某些相关神经元已经为人们所熟悉：例如，看到屏幕上一个黑人的脸与某些人身体中杏仁核的活跃之间存在超乎寻常的联

---

[1] 伊得利斯·沙阿的看法。

[2] 参见第 119 页。

[3] 该寓言见于苏非派学者和诗人鲁米的作品以及《罗马人传奇》。

系，杏仁核是大脑中形成恐惧情绪的一个必不可少的中心[1]。种族主义的另一个相关心理现象可以通过词语和语义联想来衡量：就某些人而言，在屏幕上读到"黑人"这个词，不管是不是有意识的（即不管是否在潜在的映像中），会缩短读出紧随其后的"暴力"一词的时间。这就是所谓的语义触发：如果集合名词"黑人"能够触发形容词"暴力"，以至于方便感知该形容词，那么就可以从中推断这两个词在实验对象的头脑中总是结合在一起的。

在其实验中，迈斯特尔等人[2]利用各种虚拟现实的幻象来促使实验对象像黑人一样去感受。他们能够观察到这种长时间的"身体交换"体验减少了语义联想和杏仁核活跃现象。像黑人一样生活过的人——即使是假的——会发现自己不自觉的种族主义联想减少了。记者约翰·霍华德-格里芬在20世纪60年代检验了这一看法，在实行种族隔离的美国南方，他"像黑人一样地生活"，时间长达6周[3]。

---

[1] 谢考德，埃弗里特，布里奇等，《与种族有关的偏见的神经影像研究综述：杏仁核反应反映威胁吗？》。

[2] 迈斯特尔，斯莱特，桑切斯-比韦斯等，《改变身体改变思想：拥有另一个身体影响社会认知》。

[3] 格里芬，《像我一样的黑人》。

6. 增强的人……异化的人？

增强、变形和比例

维特鲁威精神

美在于比例。作为绘画透视概念的核心，这一总结是人文主义时代最重大的发现之一。如果说人体可以理想化，正如在莱昂纳多·达·芬奇的习作《维特鲁威人》中一样，为什么不能梦想一种"维特鲁威精神"，一种有着理想比例的思维活动呢？不应强行让所有人进入这一思维活动的理想状态，因为整个人类的神圣比例在于其多形性[1]。

《维特鲁威人》是裸体，这甚至是他的主要特点。他没有穿衣服，没有骑在马上，没有手握工具。这些至关重要：文艺复兴时期的完美肉体，正如

---

[1] 例如，一个天生没有双手的 7 岁小姑娘可以赢得书法比赛。博尔特，《天生没有双手的 7 岁小姑娘在书法比赛中获胜》。

达·芬奇所展示的，没有"被增强"。任何为了满足某种用途、功能、目的而进行的增强都把人变成工具，从而破坏了比例。正因如此我们不带着工具睡觉，即使是应该学会与枪共眠并把武器变成身体一部分的战士，返回家乡后也要改掉这个习惯。

我们身体的任何延伸（医疗方面的除外）按说不会与我们如影随形，头脑的延伸也一样：其不应与我们如影随形。正如苏非教谚语所说的，"把你一直带到房屋门口的是驴，让你走进房门的可不是驴"，士兵知道回家之后应该放下枪，但我们的头脑能够放弃塑造它的条条框框吗？我们知道什么时候需要放弃吗？

人类大脑增强的问题应该源于同样的智慧。众所周知，在某些美拉尼西亚民族中有一种"货物崇拜"，即通过仪式来召唤或庆祝货物运抵孤岛，尤其是在第二次世界大战期间。想象一下你是太平洋一个小岛上的原住民，有一架货运飞机降落在这座小岛上，这是有史以来第一次。你的部落同胞们对着这个装满财物、声音巨大的会飞的东西啧啧称奇。现在想象一下飞机上的人离开了，而飞机留在岛上，然后几代人的时间过去了。也许某些部落成员打算改动它，切削螺旋桨，增加机翼重量，对飞机结构做影响其运转的改变。

增强我们的大脑？

我们的大脑就是这架飞机。我们并未掌握关于大脑的知识，我们对大脑的认识不比原住民对货机的认识多。我们不懂得如何修理它、"重造"它，但我们已经想要改装它、定制它了？的确，地球上有很多人，的确，人类的牺牲常常推动医学的进步，是的，第一次世界大战加快了重建手术的发展……但还是应该有不给人类带来那么大痛苦的方法了解大脑。

　　汽车修理工懂得不应定制他不会修理的机械。声称借助非医疗移植物增强大脑的人似乎不了解这一原理。化学增强也一样。

　　在我看来，以在学校不够专注为由喂孩子们吃利他林大错特错，应该接受治疗的是学校，而不是健康的人。我感觉我们越来越优先考虑学校的利益而非学生的利益。利他林是如今滥用情况最严重的能提高脑代谢的药物之一[1]，尤其是在真正的"学术兴奋剂"的环境下。但即使未来所有学生都应服用兴奋剂，我仍然肯定未使用外来的提高脑代谢药物的学生是健康的，因为我们大脑内部的分子——例如内源性大麻素——被证明更加有效。

　　如果人们为分数而增强自己，如果他为符合人类创造的某样东西而改变自己，他就迷失了，变成了一个奴隶。一致性已经侵入我们的思想，我们的文凭，我们的行动，我们的投票，我们的意图，如果一致性开始通过物理和化学的方式改变我们的大脑，整个人类就岌岌可危了。增强的人很有可能是一个比例失调的人。

　　事实上，必须逆转我们所设想的增强进程：增强不应是外来的，而应是由内而外的。应该是用最大的来充实最小的，而不是让最大的受限于最小的。如果我们为分数增强自己的大脑，我们就是强迫大的进入小的，就是把人变成商品。相反，如果我们利用自己的大脑来增强现实，如果我们使我们的思维活动功能外在化，我们将大大丰富这个世界。

　　别忘了，如果人与其创造物同时出现在一个讲究礼节的晚宴上，人应该在上座，其地位在他的那些工具之上。

　　我害怕人被塑造成一种工具、一种功能；然而，这正是如今某些关于神

---

[1]　所谓的"能提高脑代谢的药物"指的是为改善认知表现（尤其是专注度）而使用的物质。

经工效学、超人类主义[1]或者增强的人的读物向我们建议的。如果增强的人始终向着一个方向发展，那么他将是一个失衡的人，一个不成比例的人。增强伴随着数学意义上的变形：强行改变人的形状，就会把人变成别的什么东西。必须对不成比例的增强有所畏惧，这是我们应该从过去一个世纪的无人性的辉煌中汲取的教训。理想的和合理的增强是在扩大人的整个表达范围的同时维持其神圣比例的增强。

神经科学的"B 计划"

大自然的独特之处在于它不遗憾过去，也不害怕未来。它尽其所能，坚定不移，从不悲悯自己的命运。一只失去一条腿的小狗并不惋惜自己失去的那条腿，而是随即改变姿势，用三条腿行走。在一定程度上，我们的神经也是这样，其可塑性肯定是人体各部分中最大的。一个婴孩呱呱坠地时，或者一场事故导致产生某种行为或智慧的正常途径被切断时，我们的大脑能够自行构建 B 计划以便用其他功能产生同样的效果，正如在高速公路绕行的情况一样。2014 年一个中国团队报告了一个病例：一名年轻女子生来就没有小脑，但她能够行走和说话（有一些无足轻重的错误），她最初是因为头晕恶心去看医生的[2]。一名出生在 2001 年圣诞节的儿童，特雷弗·贾奇·沃特利普，患有积水性无脑症，颅骨里充满了脑脊髓液体，没有任何大脑皮层或小脑，只有脑干是健康的。他出生时没有哪个医生担保他能活下来，但他

---

[1] 超人类主义是对增强人类，尤其是增长其寿命的痴迷的现实演绎。通常，这不过是不敢暴露其本质的优生学，尤其是当它将科学置于智慧之上的时候。

[2] 于，姜，孙等，《原发性小脑完全缺失：一名活生生的病患身上的临床发现和影像发现》。

奇迹般地存活了 12 年，能够呼吸，吞咽食物，他的母亲和照料他的人给他挠痒痒时，他有反应[1]。

神经科学家们所熟悉的一名被称为"EB"的小患者在 2 岁后切除了整个大脑左半球，为的是从中取出一个巨大的非增生肿瘤。正如 95% 的右撇子一样，他与语言能力相关的神经元开始偏向左侧，一开始他好像不会说话了，但随后他通过其他手段发展了语言功能。在他 17 岁时，劳拉·达内利及其合作者[2]对他进行了测试，其语言水平与拥有完整大脑的人相比似乎没有多大区别。此外，人们发现某些用口哨表达的语言能同时以两个大脑半球为基础[3]。

最近人们证实了在某些皮层盲人（其视网膜功能正常，但由于初生视觉皮层的原因无法有意识地看东西）身上存在一个视觉的运动回路，只要这些人能够抑制自己看不见东西的想法，他们就能"看见"并抓住这件东西。这是因为视网膜以及侧膝状体不仅向初生视觉皮质发送信息，还向其他区域发送信息，尤其是与运动机能有关的区域。这种现象被称为"盲视"，因为这些实验对象能够借助视觉确定物体的位置，但没有意识到自己看见了物体。某些研究人员称，在这种情况下，大脑的 B 计划是借助上丘[4]，但该理论仍存在争议。人类盲视现象的最早案例之一是在病人"DB"身上观察到的，该病患的左侧视野在自觉意识上是盲的，但不管怎样他能在其中确定光源的

---

[1] 马登，《生来无脑的基斯维尔男孩卒于 12 岁》。

[2] 达内利，科苏，贝林杰里等，《仅有大脑右半球就足够了吗？一个很早就经历了大脑半球切除术的患者例子中的神经语言学体系结构》。

[3] 卡雷拉斯，洛佩斯，里韦罗等，《语言感知：神经对口哨语的处理》；京蒂尔金和哈恩，《用口哨吹出的土耳其语改变了语言的不对称》。

[4] 施特里希和卡维，《人的盲视与猴子》；维斯克兰茨，《盲视：一个案例研究和启示》。

位置，其准确度几乎与他健康的右侧视野一样[1]。神经科学 B 计划的领军人物仍是神经科学家保罗·巴赫-里塔，以至于该领域应该用他姓名的首字母命名。其"感觉替代"实验引人注目。例如，他诱使视网膜病变导致失明的人辨认出由一台摄影机发送到他们舌头上的信号，让他们"看见"了东西。在他其中一个实验中，他让一些刚刚接受过培训的盲人"看"斯内伦视力表（人们在眼科医生那里看的那些字母），最初他们的视觉敏锐度是 20/860，随后仅仅经过 9 个小时的训练，其敏锐度就提高了一倍。在机器上训练了几个月后，他的实验对象甚至能认出某些画作了[2]。本着同样的精神，卡利欧比等人为孤独症患者设计了一个"情绪假体"，其形式是一台能够识别人们情绪并将该情绪传达给携带者的摄像机。[3]

"诚如我思"，面向思维工具

超文本

任何媒介都不过是我们的思维活动功能的外在化。例如，书写使我们的

---

[1] 维斯克兰茨，《盲视：一个案例研究和启示》；卡维和施特里希，《盲视的神经生物学》。

[2] 桑帕约，马里斯和巴赫-里塔，《大脑可塑性：通过舌头提高盲人的"视觉"敏锐度》；巴赫-里塔，卡奇马雷克，泰勒等，《借助舌头上的 49 点电触觉刺激阵列形成感觉：技术性说明》；巴赫-里塔，泰勒和卡奇马雷克，《用大脑看》。

[3] 卡利欧比，蒂特斯和皮卡德，《用于孤独症谱系障碍的探究性社交-情绪假体》；卡利欧比，皮卡德和巴龙-科恩，《情感计算与孤独症》。

工作记忆外在化。工作中的数学家通过记笔记来增加自己的思维活动，因为这样一来他就能在几天的时间里保持自己的思路，比起单纯凭借记忆，他能更多地储存他计算的中间变量。不过，尽管是革命性的，但书写只是一个微不足道的开端。事实上，人们能进一步系统地使思维活动外在化，这将产生有慑服力的传播媒介。

曼哈顿项目的科学管理员，技术专家万尼瓦尔·布什，在第二次世界大战期间对增强思维活动的原则做了适当的人性化反思。"诚如我思[1]"如今被认为是超文本的宣言，因为它向人们展示了绕过词语这个载体直接通向其定义本身的可能性，从而加快我们的思维活动。围绕超文本建立的万维网已经实现了这一愿想。

在场所法中，记忆竞技者不仅会将一个字母与一个词相联系，还会将一个场所与一个想法相联系[2]。如果系统地加以运用，这一"超书写[3]"技巧可以创造一个新媒介物，借以至少实现空间记忆的外在化，正如书写至少使工作记忆外在化一样。

书写是字素（例如字母）、音素（声音）和思维对象（想法）之间大体随意和情不自禁的结合。我说"大体"是因为书写仍然建立在某种含义的几何学基础上，正如 Bouba / kiki 效应所证明的：事实上，如果人们向一些实验对象展示两个几何图形，一个是尖锐的，另一个是不带棱角的曲线画成的，无论文化背景如何，人们通常会把尖锐的图形与"kiki"这个名字相联系，而把圆润的图形与"Bouba"这个名字相联系。

---

[1]　布什，《诚如我思》。

[2]　参见第31页"刻意练习"。

[3]　阿贝尔坎，《超书写：借助地点法的多尺度书写》。

例如，在书写中，字母 A 来源于一颗公牛脑袋的形状，随着时间的流逝，这个形状被倒了过来。在代表最简单的音素（声音）——"啊"——之前，这个字母代表字素与思维对象的结合（字母与一个想法相结合）。如今人们已经很清楚与字素和音素相关的神经元，书写的生理学的存在为人所了解。但既然与场所思考相关的神经元也为人所知，有可能也存在一种超书写的生理学，尤其是因为存在"位置细胞"和"网格细胞"（其发现者荣获了2014 年诺贝尔生理学或医学奖）。

迈向超书写

超书写是字素、场所思考和思维对象之间任意的结合，目的是使我们的思维空间化，书写我们的思维。我曾在自己的作品中提出过一个模型，为了向难以辨读的"线形文字甲"这一米诺斯文化时期的字体致敬，我将其称之为"曲线甲"。我为这种手写的但需要某种缩放形式（例如在一块触控板上）的书写选择了抖动最小的曲线，以使手写活动更加自然。随后我选择了一条河作为标准地点，因为这容易想象（正如公牛的脑袋是字体的标准字素），并且书写诞生于美索不达米亚，因此"在两条河之间"[1]。

首先，用单线条勾勒的河流的字素是一条贝塞尔曲线，装饰有较小的支

---

[1] 美索不达米亚（Mesopotamia）源自希腊文，意为"两河之间"。

流，充斥着思维对象（黑点），就像村庄散布在一条河流的两岸。

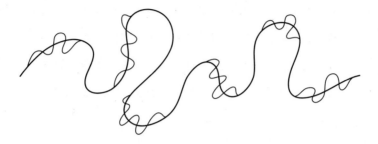

随后我采用了一条更为复杂的曲线……

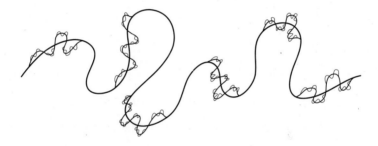

……并且以更多的支流进行装饰。

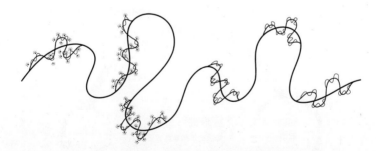

于是就有了这一版，其左半部分就有超过 500 个思维对象。

超书写只是一个开始，谁知道呢？也许有一天人们能外在化一切思维活动的功能……正如书写的发明造就了人类历史一样，人们可以设想一段"超历史"，这是我们的大脑仍然隐藏着的新型媒介出现的必然结果。这在我看来是人文主义的探索，因为它源于一种把"了解你自己"像风景画一样摆在我们面前的意愿。我们的第一次复兴（文艺复兴）也让我们认识了"记忆的艺术"，即为了更好地记录想法而构思的图画。下图出自人文主义者乔尔达诺·布鲁诺的《概念的影子》，他大量使用几何图形来组织并表现自己的思想，比今天我们还在日益完善的"思维导图"早了很多年：

研究这些形状，以及为更多的公众简化这些形状让我想到了一个新矩阵，我向旧金山的 Prezi 公司展示了该矩阵，其目的是使思想空间化。在这项相当于三天课程的记忆技巧中，每个气泡都含有图像和想法，其空间化有助于记忆。

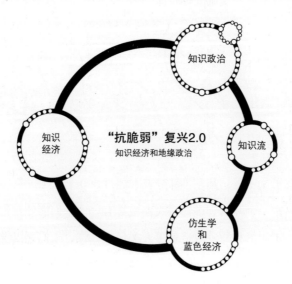

正如米歇尔·塞尔所洞悉的，新媒介的使命是把我们变成"异首像"（也就是能够把我们的脑袋捧在胸前），毫无疑问这是为了在智力层面极大地丰富人类。

例如，如果今天的网络还只是"oligo-rama"[1]，搜索引擎只向我们显示知识的极小一部分，那么人们可以设计出新软件，这些软件能够让我们领会知识的全貌，使我们能最大限度地传播知识并与之互动。

因此，"诚如我思"，这只是一个开始……

---

[1] "panorama（全景）"的反义词：人们在探索时看到的不是"全部（pan）"而是"少量（oligos）"。

第三章

什么是神经智慧？

艾萨克·阿西莫夫曾指出，产生大量知识和少量智慧的文明有自我毁灭的危险。同样，阿诺德·汤因比援引伊本·哈勒敦的话说，文明不会死于他杀，而是自杀。尽可能地利用我们的大脑很好，但还须明智地加以利用。正如 20 世纪已经充分证明的，毫无人性的技术是有可能的。

我所依据的公理是人比他所创造的一切伟大，不论是医院、名校、军队还是国家。人绝不应臣服于这些人类的创造物，因为他比这些东西高贵得多。从来都不是一所大学或一个国家创造了一个人。而一个人则有可能创造一个国家或一所大学。

我并不打算在这里提供什么现成的智慧，只是想鼓励读者们向自己提出新颖的问题，识别某些无意识行动对自己的控制。最基本的问题是：

谁服务于谁？

谁制约谁？

谁为谁死？

所有这些疑问都将引领我们走向神经智慧。

1. 与神经科学结缘

人类作茧自缚。

——哈金·萨纳伊[1]

神经科学无处不在

2003 年我在巴黎–萨克莱大学开始了自己的大学生活，当时它还叫"巴黎南大学"。正是在那里，埃尔韦·达尼埃尔教授对神经元和神经胶质细胞的激情感染了我。当时我最感兴趣的是弗朗西斯科·瓦雷拉的工作。此人跟他的导师温贝托·马图拉纳一起，几乎成功地把生物学变成了数学的一个分支，而基于他们的理论人们可以这样发问："如果我们是 n 阶的生命体……"我觉得这很迷人。

后来我从奥尔赛坐地铁去先贤祠附近的巴黎高等师范学院学习。在那里我发现教学不一定是符合人类工效学的：跟很多人一样，我在那里并不快乐，我体会到充分发展并非当下教育的首要目的，那些佼佼者还不如儿童懂得分

---

[1] 波斯苏非派神秘主义诗人，主要代表作品有《真理花园》。

辨痛苦与成就。

2006 年，我离开巴黎高等师范学院去剑桥大学学习神经科学：剑桥的校园令人赞叹，十分符合人类工效学。我从地狱来到了天堂。

我在实验心理学系做实习生，一开始受布赖恩·穆尔和布赖恩·格拉斯伯格指导，他们教我心理声学，即研究我们的大脑感知声音的方式；在我的工作中，我对"绕行模态"发生了兴趣，即"听到"三角形的可能性。后来我在2009 年回到该院系，这次是受洛兰·泰勒指导，研究脑磁图描记术方面十分令人感兴趣的发现，这引起了我对文学，尤其是诗歌中的神经工效学的思考。

为了使自己从法国式的彼此隔离的重点大学体系中尽可能地抽离出来，我去了斯坦福大学继续深造，但我随后回到了乌尔姆街，在那里，法兰西学院的斯坦尼斯拉斯·德阿纳关于人类意识的"整个工作场所"的研究是沙漠中的一片绿洲。

抑郁症激发了我对神经工效学的兴趣，即如何将生命之铅变成黄金。在奥尔赛，我对电子游戏及其对学习的影响产生了兴趣；从巴黎高等师范学院毕业后，我把这个作为自己的研究方向。我想选择自己真正感兴趣的论文主题，从头到尾自己写，而不是被一个招募我的团队强行指定一个主题——就像太多的博士论文准备者一样——作为廉价劳动力任人剥削。由于这一不合规矩的举动，我没有找到资助。于是我体会到了不稳定，对某些人来说，不稳定是一个杀手，而对我努力想成为的另外一些人来说，不稳定是一位有趣的导师。

当时我注册了国家海军高等军事教育预备课程。参谋部官员的基本状态是：一套军服、一个家庭、一个职位、处于不稳定的对立面，不论是身体还是精神都是如此。在那里我遇到了奥诺雷·戴蒂安·多尔夫家族的一名护卫舰舰长，有一天，在瓦莱里安山，他向我描绘巴黎，说它是"一台巨大的粉碎机"。我想正是这一准确表述点燃了我对神经元人文主义的激情。在这之前没有任何说法在我看来如此简洁明了地表达了现代人的境遇：肉体属于城市，肉体属于经济，一件被剥夺了存在理由的商品，他会觉得想要恢复自己的判断力并掌握自己的命运是有罪的，不循规蹈矩会受到惩罚。后来我知道了这一说法来自 D. H. 劳伦斯，一位受苏非派启发的作者。[1]

我对战略、地缘政治感到好奇，这方面的培训令我十分开心；我甚至犹豫过要不要从军。但研究领域更合我的意，因为，正如一位处境不稳定的兄弟塞德里克·索勒对我说的，在研究中，人们每天都在月球上漫步！人们希望自己的思想能到达前人未到之处，剩下的不过是文学。

我第一个博士课程期间研究的是知识的地缘政治，"知识政治"、其对丝绸之路这一地理区域的影响以及和平科学。瓦雷拉的研究工作给了我很大启发，尤其是他认为冲突是人类的病毒，存在一种"战争的道义对等"，正如心理学家威廉·詹姆斯所说。我在斯特拉斯堡大学进行的第二个博士课程期间研究的是苏非派在西方文学中的存在，尤其是 T. S. 埃利奥特与苏非派探险家理查德·弗朗西斯·伯顿。

在《东西方意识的叙事曲》中，我使用了神经科学的一个核心概念，即"神经连接体"的概念，也就是我们的整个神经连接。我提出了"文学连接体"的概念，把东方文学比作我们大脑的右半球，把西方文学比作我们大脑的左半球。于是我所感兴趣的是它们的胼胝体，这个连接两个大脑半球的主要纤维束。当不同知识出乎意料地混合带来发现——必定是出乎意料地，我们称之为意外发现。这是跨学科研究的一个结果。正如一名研究人员所说，"集合是为了对撞[2]"：确实，如果不是为了动摇它们，汇集一堆一堆的知识

---

[1]　弗吕克曼和赞热内坡尔，《苏非派与 D. H. 劳伦斯的〈彩虹〉中对精神满足的追求》。

[2]　贝尔，《集合是为了对撞：让我们把这设计进实验里》。

有什么用呢？阿兰·佩雷菲特也曾写到"法兰西弊病"之一就是缺乏意外发现。

我觉得动摇神经科学和文学这个行为令人着迷，但这是因为神经科学事实上无处不在。

治愈认知姿态障碍

所有人都需要了解自己的神经元。在人类历史上的每一项决定后面，在每一记耳光后面，在每一次亲吻、每一次大合唱或军事打击后面，在每一次谋杀和每一次分娩后面，在地图、亚历山大的野心、拿破仑的迟疑、孙子的诡计、丁托列托的颜料后面，在先知的启发或最微不足道的几把粮食后面，是神经元。但为了传播大脑的知识，必须使该知识变得美味。配料已有，所要做的是调制这些配料，以使其香味扑鼻，令精神得到愉悦。然而，书本有一种芬芳之气，这某种程度上是一种"口耳相传的香气"。

烹调知识的技巧在我看来是如此重要，以至于我的其中一篇博士论文就是以此为主题[1]：人们如何能更好地传递知识，同时正确地保存知识，有时是在网络上。这显然不足以使我成为知识美食烹饪大师——就像天才的迈克尔·洛奈一样，他在 YouTube 上开设 Micmaths 频道，烹制了一盘美味的知识并且得到了直接受益者——学生——的试吃和认可。

通过这一研究工作我得以管中窥豹，知道了我们有可能并未正确使用大脑，应该重新审查我们生产、转让、消费和吸收知识的所有方法……我们拥有凹凸曲折的大脑纯属偶然吗？我们有认知姿态障碍吗？答案一开始令人惊

---

[1]《神经工效学和仿生学促进知识经济：为什么？如何？什么？》。

骇，但却是一种解放：是的，我们有这样的障碍，而且非常严重！认知姿态障碍并非例外，而是非常普遍的！

姿态是我们准备行动时的身体状态。有战斗姿态、工作姿态、等候姿态，等等。姿态确定我们可能的动作，我们能做到的动作和想做到的动作。同样，我们探索精神世界的方式取决于我们的认知姿态。我们可以拒绝一些思想，一些解决方案，比如古希腊人拒绝无理数。工作中的大脑会根据其姿态走向截然不同的方向，人们可以通过改变思维姿态来改变世界。

在写这本书的时候，我的思想分散在其他思想、其他刺激物中，受到我以前的经历和未来计划的影响，让我觉得把握不住现在，我同样受到认知姿态障碍的困扰。我在撰写这一行行字的时候能够组织的思想数量十分有限，将来有一天一定会有能使我操控更多思想的思维科技。在人们谈论记忆术时，错误地以为这是一种过时的老办法，然而记忆术再现实不过了：思维技术是当务之急。

在阅读本文时，你受到跟我一样的障碍的困扰。你应该借助一种明晰的主观性[1]，体察你的大脑对自我意图的自动判定，这些意图是出于虚荣心，是出于政治，还是其他我并不知道的原因？自动判定意图本身并非坏事，但当这样的判定控制我们的时候它就变成了一种心病。否则，它只反映工作中的大脑，就在此地，在受控的实验室条件之外。在我们尚且十分笨拙、脆弱和有限[2]的科学现状下，问题在于越是自然的情形，在实验中就越不受控制，

[1] 这一表达方式来自谢赫·阿里·恩多。明晰的主观性是高尚的同义词，即灵魂之高尚，这是任何可能的人类美德的源头。

[2] 我认为在这一领域让我们的后人最感震惊的，是我们科学上的一拃之短。这属于方法范畴，但最终体现为思想狭隘，被当作专业出类拔萃的特征的认知狭隘。

越是不受控制，得出结论就越困难。神经工效学把我们带回到实验最原始的概念上（也就是说某种情形不一定受到控制），促使我们去观察我们自己的思维活动，我们自己的主观性。

　　科学很不完善，现代神经科学也不例外，它还处在初创时期。它还不明白例如像睡眠这样简单的事情为什么会发生以及如何发生。它又如何能明白处于清醒状态的大脑呢？无论它发现了什么，无论其取得了什么样的进展，都不足以忽视最基本的智慧："我知道我一无所知。"

写博士论文的疯子

　　我曾在三所不同的大学写过三篇论文，从未见过有比博士论文准备者所遭受的精神阉割更为严重的。无论在中国、美国、法国、意大利、英国还是非洲各国，我从未遇到过喜悦的博士论文准备者，我最终确信，如今的博士头衔并非激情或使命的巅峰，而是对新生的大规模捉弄，并以此建立一种将新生牢牢控制住的学术体制。如今，无论在哪个国家，博士论文准备者的苦恼都很大，以至于斯坦福的一位神经工效学家豪尔赫·陈为排解这一苦恼创作了一本《博士漫画》。

　　然而，没有什么比苦恼更能清晰体现不符合人类工效学的状况了。当然，有一些思维姿态并未令我们感到不适，却限制了我们的表现、创造力、记忆、灵活性或独创性，这些令我们悲伤的思维姿态是全然不符合人类工效学的。如果说那么多博士论文的准备者心情不快，那是因为他们的大脑扭曲了：但他们的大脑为什么会扭曲呢？

　　这是因为年轻的研究人员带着比科学多得多的东西进入巨大的学术粉碎

机：憧憬、梦想、希望、野心、榜样人物、创造力以及——内心里——比从
工作系统中训练出的人自由得多的思想。通常，人们要求他摆脱所有这一切，
把自己变成一个死板的数据库（"数据僵尸"）。这种对神圣人性和欲望的
否定，只会让人感受到异化、禁锢、不人道。我所认识的所有博士论文准备
者都经历过这样的痛苦；这是作为工具的人的痛苦，无论是白领还是蓝领，
这也是无产阶级或者佛朗哥·贝拉尔迪所说的"知产"阶级的痛苦：这些无
法直接获取第三产业生产手段（尤其是学术资助）的人不得不出售他们的大
脑，就像出售其双手一样，有时糟蹋了自己的大脑。

　　在我看来，博士论文准备者之所以感到苦恼，最明显的原因是他们的梦
想——革新科学、改变范式、达·芬奇式的速写和爱因斯坦式的突破——与
资助委员会的虚伪常规之间生硬的对撞，论文准备工作一贯地切割（但说得
冠冕堂皇）直觉、梦想、乐趣、简单概念、构思或想法。什么时候人们才会
明白人始终比艾字节的数据更宝贵呢？

　　事实上，今天我们不缺数据，再说 FAT GAS BAM（为便于记忆而以公
司首字母生造的字，指 Facebook、苹果公司、Twitter、谷歌、亚马逊、三星、
百度、阿里巴巴、微软）一小时内处理的数据比学术界十年间处理的数据还
要多。我们所缺乏的，是意识、判断或欣赏所需的空间或时间、观念、想法、
梦想，是存在的理由，是人们想要使同胞变成的机器尚无法理解的一切。提
取并处理数据，这种事计算机就能做得很好。有时我觉得人们不再要求博士
论文准备者有自己的意识；至于他的梦想，这个问题已经解决了。

　　把整个人类看作一个人，一个在普世的苦难中挣扎着奋力奔向不再苦难
之境的人。

　　　　　　　　　　——理查德·弗朗西斯·伯顿，《哈吉阿卜杜·耶兹迪之歌》

2. 神经智慧

我们的文明创造海量的知识，大约每七年知识的数量就会增加一倍[1]。然而，如果我们生产的知识呈指数增长，而我们传递的知识呈线性增长，那么我们就会遇到一个大问题：世界知识的增长速度远超一个人能够获取知识的速度。这个问题有两个直接的解决办法：一方面是开展团体学习，集体掌握专门知识，另一方面是以符合人类工效学的方式学习。

但还存在另外一个问题：虽然我们大量生产知识，但我们产生的智慧很少。更糟的是：我们过分肯定技术的进步而嘲笑精神性和智慧，我们的意识进步跟不上技术进步的脚步。在哲学上，我们是不成熟的，这使我们的文明对自身构成威胁。

有一天我参加了一个国际科学技术大会，在数千名与会者中，有一名发言者不无道理地宣称："我们无法在一个失败的世界上赢得成功。"随后，

---

[1] 1991 年，在《技术社会现象》中，里吉斯·麦克纳说是 10 年。据中国阅读委员会称，科学出版物数量翻倍的时间如今是 5 年。

会议厅里另一名与会者站起身来，他没有跑上讲坛以赢得公众条件反射式的认可，而是开始引用拉伯雷的话并对自己蹩脚的英文表示抱歉："没有觉悟的科学不过是灵魂的毁灭。"

我是唯一对他报以掌声的人。也就是说在一般被认为"才华横溢"的数千名大学生和教授中，没有人向这一朴素的原则致敬。独自一人报以掌声，这无疑是一个艰难的时刻，因为众所周知，害怕与团队格格不入是人脑最强烈的恐惧之一。但即使数千人都赞成二加三等于七，也并不表示这个结果就是对的。相反，即使没有人赞成二加三等于五，也并不意味着这是错的。智慧，很少掌握在大众手里。数千人中几乎没有人愿意为"没有觉悟的科学是一种毁灭"这一明智的看法鼓掌是有原因的。

我们几乎不再对自己的思想负责，我们活在别人的思想中，以至于我们的决定很少是我们自己的。我们想要与体系一致的欲望比我们的自由意志更加强烈；甚至在我们成功地让自己内心的守门人闭嘴的时候，一大群更加不好惹的因循守旧者对我们群起而攻之，他们骄傲于自己好学生的阵营，指责坏学生，盼望得到自己的糖块。实际上人类自犯人示众柱时代以来鲜有改变。

但可以肯定的是，智慧并不在其利益之中。例如，智慧不存在于我们的教育系统中：事实上大部分富裕国家要等到最后一学年——而且还不是必修课——才会稍稍提及僵化的哲学，学生们对哲学加以论述但并不付诸实践。人们教授哲学史，但无论如何不讲授对智慧的热爱，对智慧无条件的、独立于他人判断的追寻。然而，如果说我们的文明不讲授自我认知，正是因为这一认知是颠覆性的：事实上，智慧不需要任何体系，不受牢笼的束缚。正如第欧根尼对亚历山大说的："远离我的太阳！"智慧证明体系是无用的。因此，体系总是教导我们除它之外我们一无所有。因为体系不过是人类自我的总和，而哲学，是自我的死亡，因此，从长远看，它是体系的死亡。

知识的问题，就在于它倾向于在我们获取知识的时候加强我们的自我。当然，自我认知和智慧除外。智慧必然教导我们人类的创造不比人类本身伟大，不值得把人类变成它的奴隶。奇怪的是我们的文明不愿去创造超越我们自己的工具——智慧，而热衷于创造毁灭自己的工具——没有觉悟的科学，我们去鼓吹这一创造是最大的美德。

民间智慧告诉我们："学者懂得解决智者绝不会有的问题[1]。"有大量作品论述神经科学，将神经科学应用于政治、经济、管理、市场营销、战争、艺术或司法。但有谁谈论神经智慧吗？没有。

我们自称"晚期智人"，字面意思是"智慧的人"，也就是智者中的智者。任何不智慧的人都是异类。那么那些为了智慧以外的东西牺牲人性的人面对这一评论有两个选择：拒不接受这一评论，捍卫自己的舒适区，或者抛弃其舒适区，接纳真相。然而我们知道人是宁愿逃避真相的。

关于本书所谈论的话题，我喜欢《大独裁者》中查理·卓别林的简单明了和大智慧，这是我们，自负到极点的又懒又笨的学生始终无法了解的智慧：

知识让我们变得悲观多疑；智力让我们变得冷酷无情。我们头脑用得太多，感情用得太少。我们更需要的不是机制，而是人性。我们更需要的不是聪明，而是仁慈温情。

---

[1] 法国政治人物让-保罗·德勒瓦（Jean-Paul Delevoye）提到过这句至理名言。

3. 神经拟态

阅读而不是损害我们的神经

一个趋势正在鼓舞整个二十一世纪：仿生学。仿生学运动包含哲学、科学、工程学、政治、经济和应用技术，只有一个信息：大自然是一个图书馆，应该阅读它而不是损害它。该信息源于一个悠久的传统，这一传统在文艺复兴时期充满活力，但可上溯至苏格拉底和他的继承者；事实上，亚里士多德认为智慧从观察大自然中得来。

生物学家雅尼娜·拜纽什是现代仿生学之母。作为一个运动，现代仿生学胜过单纯的生物模拟、生物机械或生物启发技术，"经济"仿生学还启迪了蓝色经济运动、循环经济运动和从摇篮到摇篮运动。无论在什么情况下，口号都是一样的："不应该让大自然像我们的工厂一样生产，应该让我们的工厂像大自然一样生产。"不只因为道义，还因为这对个人和社会来说都是值得的。

其实，本书并非一项神经工效学宣言，而是一项神经拟态宣言。因为神经工效学跟一切科学一样，在道义上是中立的，人们能把它变成最好的东西，也能把它变成最坏的东西。要了解，无论什么技术——不管是核物理、人工智能、纳米技术、生物技术还是神经科技——将走向哪里，只需提出这样一个问题：谁服务于谁？如果是技术服务于人类，那么一切顺利。如果是人类服务于技术，那么就全乱套了。

关于神经工效学有几本出色的论著，例如帕拉苏拉曼的《神经工效学：工作中的大脑》或者《神经工效学：从认知神经科学的角度研究人为因素和人类工效学》，作者是阿迪·约翰逊和罗伯特·普罗克特。但他们谁都没有论及“为什么”的问题。如果不问为什么，一项技术就没有任何价值。如果神经工效学是让大脑发挥最佳性能的技术，那么它这样做的目的是什么呢？

我们的神经不是用来压榨、损害、剥削的。神经工效学不是为了让个人或组织有一天能从大脑中挤出更多汁水的。人们已经走得这么远了吗？今天人们已经在像谈论“脑汁”交易一样谈论顾问职业了。神经工效学帮我们意识到我们有一个大脑，大脑有一定的形状，就像我们的双手和脊背有一个形状一样，如同某些重复性的重体力劳动有可能造成腰椎间盘突出、腕隧道综合征和脊柱侧凸一样，某些思维活动、某些环境、某些压迫可能会损伤大脑。无论是谁应该都会拒绝别人扭曲他的大脑，因为这是一项神圣的基本人权。

捍卫神经权利

因此，我写这本书只有一个目的：希望无论是谁，无论在什么时候，都能援引它，就如同人们援引宪法来捍卫自己的基本权利并庄严宣布："我的大脑是神圣的，我的神经是神圣的，不应该让我的神经服务于你的体系，应该让你的体系服务于我的神经。"文艺复兴一点一滴、小心翼翼地孕育出"人是神圣的"这一观念，如今，应该强调人的神经的神圣性。我想要传递的信息再明确不过了：任何人，任何组织，都无权损害你的神经。但为了捍卫自己神经的权利，还需要了解神经，了解大脑。

拯救神经者拯救人类

《古兰经》里有一段经文得到亚伯拉罕诸教以及其他教派的赞同："拯救一个人就如同拯救了全人类。"而我要说的是拯救一个人的神经也是拯救人类的神经。宣称地球上再没有任何一个人的神经被损害，这对个人和群体来说都太棒了，因为人们不衡量一个神经被损害的人的负面影响。被损害的神经，长时间曝露于过量的皮质醇、肾上腺素、去甲肾上腺素，会点燃整个社会。

阿图罗·迪亚兹阴郁的叙事曲

我记得已经死去的阿图罗·迪亚兹，他是美国得克萨斯州利文斯敦的囚犯，2013年被处决，原因是他在一次怪异的暴行中杀害了一个无辜的人，其残暴堪比处于战争癫狂状态的中世纪武士。我的祖母和堂兄弟曾因一个与囚犯交流的计划跟他有书信往来，他们请我为了他写一封信，请求当时的得克萨斯州州长里克·佩里赦免他，将他的刑罚降为终身监禁。在大西洋两岸，基督教社群对死刑的态度大相径庭：当时构成佩里选举基础的绝大多数保守的基督徒维护死刑，而我祖母，正如许多虔诚的法国基督徒一样，热爱维克多·雨果，因此喜欢读《死囚末日记》，希望大面积废除死刑。

因此，读到这封信后，我尽力全神贯注于阿图罗·迪亚兹的"神经年表"，在其中的发现令我毛骨悚然。

想象一下，树干的年轮说明生长速度，包含每个季节或严酷或温和的信息，我们的神经也有年轮，描述每次打击、每次恐惧、每次蔑视、每次宽恕、每次忍耐、每次仇恨，还有每次赦免。没有人生来就带有不稳定到去残杀同类的神经。不稳定的神经是逐渐形成的，是与其他不稳定性接触的累积和恶化。因此真的存在耐"火"的人（最光荣的例子是甘地、曼德拉或马丁·路德·金）和"易燃"的人。

我在迪亚兹的神经年表中只看到没完没了的伤口和深深的心灵创伤：这个人不再是自身痛苦的主人，他的痛苦变成了他的主人。终有那么一刻，由于痛苦和沮丧，指挥我们的是我们的神经。于是每一刻都变成了幸存的一刻。神经被恐惧、蔑视、暴力吞噬的人是一个极其危险的人。他有可能只杀一个人（也许是他自己），或者被激情燃烧着，这激情是如此阴暗以至于令大众惊骇，而正是大众将其送上权力宝座，赋予他合法地杀害数以百万计之人所需的力量。

生活是多么残酷、空虚和黯淡，就像酒鬼吵架，
"存在"意味着"不存在"，看见并感觉，听见并感觉，
无边汪洋中的一滴水，无限苦闷的淤泥，

在这里一些人过着他们凶残的生活，毁灭其他数百万人。

——理查德·弗朗西斯·伯顿《哈吉阿卜杜·耶兹迪之歌》

神经被摧毁的人充斥着医院和监狱，但也可能身居高位，主宰着我们的命运。例如，人们已经证实，由于嘲笑共情和友善，颂扬利己主义、残暴和自负，某些行业正在宣扬精神变态。想象一下驼背的人身体上所有的不能或不便。同样，想象一下对一个扭曲的大脑来说那些不可能的思想、智慧。

通过扭曲人们的大脑，我们的体系在制造神经残障人士。这一残疾是隐秘的，有时伪装成美德，偶尔会突然显现出来，把其他人拖入不幸的深渊。这一从神经到神经的不和谐声音自蒙昧时代起持续至今，在我们的每一个动作中，我们可以选择——大致是轻松地、传奇地——奏响一个将影响全人类的音符。

在阿图罗·迪亚兹阴郁的叙事曲中，有暴力和怜悯的回声，其音符自中世纪，甚至自原始人时期起就回荡在父亲、兄弟之间。他们厮打、相互羞辱和贬低，以一切可能的方式折磨对方的神经……就在你阅读这些文字的时候这团火还在持久不息地燃烧，日复一日，这些人和那些人易怒的神经继续制造刺耳的音符，神经残障人士很多，非常多，只是他们自己不知道。

虽然神经残障真实存在，但其特殊性在于很难被我们简陋的成像技术捕捉到。而我们的脊背，我们的双手，我们能看到它们，触碰它们，我们知道它们的运作方式（对某些人来说是健全的、有效的，对另外一些人来说是无效的、不正常的），我们大致明白其一拃是多长，其断裂点在哪里。然而，尽管自人类存在以来我们就有了双手，我们还是需要花上几万年的时间来真正意识到有关身体的人类工效学。既然我们在大约一个半世纪以前才首次观察到神经元，那么你可以想象一下在认识自己的神经工效学这件事上我们还可以取得多少进展。

神经是神圣的

如果说今天的人类有几百岁的年纪，那么一年不过是其生命中的四个小时，伏尔加格勒保卫战才刚过去十天，因此我们当然可以说十天前，人类凭借工业化和效率毫不犹豫地碾碎了数千吨人肉。一切的发生就好像我们还没有意识到我们自己的神圣。然而，人的躯体有比壕堑和大爆炸力弹药更高贵的存在理由。我只是希望我们能用不到一天的时间认识到这一点。

人类绝无可能创造大自然。事实上，人类甚至不知道如何创造一个活的细胞。通过毁坏大自然，人类毁坏他所不明白的东西，这既不正常也不成熟：今天毁坏明天有可能会明白的东西，这是在践踏自己的未来。然而，这正是今天人们对外在的自然和内在的自然所做的：我们的肌肉、我们的大脑，我们把这些作为祭品献给新的太阳神——工业。从这个意义上说，在观察、保护自然并从中受到启发的仿生学和与其相似的"仿神经学"之间存在直接联系。

不践踏未来的方法就是可持续发展的方法，可持续发展是经济、社会和生态发展的交会。不过，关于经济和社会发展，神经工效学也有话要说，它也是我们可持续发展无法回避的一个组成部分。跟仿生学一样，神经拟态能帮助我们避免践踏未来，帮助我们获得自我解放，因为只有我们内在的自然变得神圣，我们才会尊重外在的自然。其实，我们的神经绝不只是稀有的<u>丝线</u>，它们是写在我们身上的自然，是自然的烙印。

大脑不应屈服于任何人类的创造，但如果说大脑的确应顺从什么的话，那就是自然。我们的身体适应自然，我们的大脑适应自然；大脑不适应工程、城市、超市、办公室或学校。这些是大脑能暂时适应（可以说它是"访问"这些环境）但绝不永远屈从的环境。事实上，不存在胜过大自然的神经工效学。因此，佛陀、亚里士多德、莱昂纳多·达·芬奇或圣方济各选择大自然作为主宰一点也不奇怪。

今天，当务之急是重新掌控我们的神经，这就是神经智慧的人文主义：通过神经元获得解放！事实上，我们的神经元比一把斯特拉迪瓦里提琴[1]更加神圣，更加珍贵，能够奏出更加伟大的旋律。没有我们的同意谁也无权触碰它，我们的身体之弦属于我们，我们越是能够控制这些弦，就越是能够获得自由。

神经启发

神经拟态

我们的错误在于认为必须在生产力与保护自然中进行选择。因为工业革命，经济违背了自然。但自然从未违背经济，如果自然违背经济，读这本书的人会更多。最近三个世纪里，经济是自然恶毒的情人，但如果她与自然彻底分手的话，她没有办法回娘家去住……经济应学会尊重自然，这对她有好处。在 21 世纪，自然和经济将协同开展工作。

---

[1]　18 世纪意大利著名的提琴匠人斯特拉迪瓦里制作的提琴。

　　经济学家、企业家冈特·鲍利告诉我们："对你和对大自然都好的一切很贵，对你和对大自然都不好的一切很便宜——谁设计了这个系统？"

　　教育也一样：对大脑好的一切很贵。粗暴的、主张培养尖子生的、阉割的教育很便宜，因材施教的、基于导师制度而非工业化教学方法的教育很贵。今天，在学费相同的情况下，一名新加坡的大学生希望注册哪所学校呢：是巴黎-萨克莱大学还是斯坦福大学？当然是斯坦福大学，因为，就人们支付的学费成本而言，斯坦福远比巴黎-萨克莱符合人类工效学。我希望在本书出版后，随着时间的流逝，这个问题的答案不再那么明显，巴黎-萨克莱大学有一个显著的优势就是不会让学生为获取知识负债 30 年[1]。

　　对环境和我们的健康都好的东西应该不那么贵，这种观念令人惊讶。我们以前所受的制约让我们相信富足是一种罪孽、一个乌托邦，不牺牲自然是得不到的。对神经来说也一样：对我们和我们的神经都好的东西应该不那么贵，该信息与我们人力资源管理的方式直接冲突，这些方式常常以痛苦为基础。神经拟态基本的经济原则是，快乐的人更具生产力。虽然该原则的出现跟仿生学的到来一样不可避免，但正如一切革命一样，在人们按部就班的意识中要经历三个阶段：一开始显得可笑，随后似乎很危险，再后来显而易见。

　　其实，神经拟态并非什么新见解，而我提出神经拟态、神经模拟和神经智慧等术语是为了分别命名一次运动、一门科学以及一种人们已经在亚里士多德那里找到了的智慧。但在最近几代人中，某些学术界成员被证实参与了违背人性的行动，这让我们看到了情况之紧急：我们应该摆脱那些有辉煌成果却毫无人性的行为。如果我们的行动理由是野蛮的，那么通过科学来丰富

---

[1]　但不管怎样，2010 年斯坦福的学士学位仍比出租车司机执照便宜。

我们的行动手段就是危险的。我不害怕一个手无寸铁的疯子，我害怕一个武装起来的疯子。

一个思想空间的世纪

神经科技井喷式地出现在我们的日常生活中，这一现象最明显的标志就是神经科技从军事专门知识向民用知识转变。在我写这本书的时候，该现象还不为大众所知，但很快就会成为尽人皆知的事；一旦成熟，神经科技将通过其众多周边产业和金融浪潮为大众创造比生物科技更多的职位。

思维的杠杆、滑车、轮子尚未发明，但依然存在增强我们思维运转的方法。我们对此还懵然不觉，但这必将成为我们未来思考方式的有机组成部分。

以脑电图为例，今后脑电图将是非常私人化的事情。我们的社会中，由于高肾上腺皮质醇血症、噪声、光污染等问题，睡眠障碍正变得越来越普遍。睡眠图分析目前还难以实现，不过这种情况大概不会持续太久。因为"后后个人电脑时代[1]"浪潮正日益拉近计算机科学与我们的身体和肌肤的距离：一个人可以侦测其食物中持久性有机污染物的含量，或者监测其睡眠的强度，无须再为大医院的预约等待六个月之久。这同时也让医疗信息的收集变得越来越容易，侵犯隐私的现象可能会日益普遍。不过，如果我们并不坚持对自身数据的所有权，那么还可以选择出售这些资料，实现其商品价值。

随着大脑信号遥控技术的发展，神经控制也日益成熟。与外骨骼和纳米技术的发展相结合，神经控制可以使瘫痪的人，甚至闭锁综合征患者自主交

---

[1] 即在以平板电脑和智能手机为代表的"后个人电脑"时代之后兴起的可穿戴设备、电子服装及配件。

流和行动。2020 年后出生的人必然可以利用脑波遥控进行自我扫盲。2017 年的小孩子们会不自觉地用手指缩放一本纸质杂志。同样，也许 2027 年以后出生的孩子即使在没有佩戴相关设备的情况下，也会试图通过思维进行神经信息控制（关灯、开门等），因为这些穿戴设备会影响他们的生存方式。

21 世纪属于思想空间。现在，发展互联思维空间以使其向"复简[1]"的状态演进的各种条件已经成熟。人类已经开始大力发展能够改变自身与其运动空间的关系的技术，并将持续发展下去，因为该空间实际上仍是有限的，甚至是原始的（我们仍然不能从一个星球前往另一个星球，从一个星系前往另一个星系）。同时，我们也在发展能够改变自身与其思想空间的关系的技术，这些技术会使我们现今的成果变得微不足道。虽然"思想空间"这个术语来自德日进[2]，但该概念有许多"前身"。人们在柏拉图和新柏拉图思想（柏罗丁，伊本·阿拉比，等等）中、在莱布尼茨或者尼古拉·特斯拉那里能够找到该概念，尼古拉·特斯拉在 1926 年说了一段著名的预言[3]：

当无线技术覆盖全球之时，整个世界都会聚合成一个大脑，事实上，所有的事物都会变成一个真正的整体。不管相隔多远，我们都能够与别人即时通信。不仅如此，即使千里之遥，我们还能通过电视和电话联络，就像面对面沟通一样。而且，我们的沟通工具也不再像现在这么笨重，人们甚至还能把它放进口袋里。

---

[1] 既复杂又简单，因为二者并不矛盾。

[2] 德日进（Pierre Teilhard de Chardin，1882—1955），法国耶稣会神学家，地质学家，古生物学家，曾参与鉴定北京人化石。

[3] 《矿工杂志》，约翰·B.肯尼迪对尼古拉·特斯拉的采访，1926 年 1 月 30 日。

如果说运动空间的基础设施深刻改变了文明，改变了文明与其他文明，与其自身，与时间、空间和大自然的关系，那么思想空间的基础设施也将带来改变。为了使这些思想交流通道成为康庄大道而非贵妇小径，必须以维特鲁威式的智慧引导其发展。这正是结合了科学与应用技术的神经设计的可贵之处。

神经设计和神经度量

笃信神经启发的人应考虑若干问题：我们的认知边界在哪里？认知能领会什么，是一次性的还是连续性的？哪种顺序最有效？我的哪个思维角度是痛苦的，或者费力的？因此，什么角度对我的交谈对象来说是困难的？哪些建议最能加剧其自我、所受束缚、偏见？我的思想僵化到了什么程度？为什么它不能做这样或那样的动作？在其他情况下我能做这些动作吗？还是从本质上说这些动作是我的思想所无法理解的[1]？如果说文艺复兴引发了对人体解剖学的热情，努力精确地展现人体，那么我们所进入的神经复兴时代应转向思维解剖学。这并非什么新鲜事物，而是回归，因为事实上，各个时期都有许多人对人类思维的形式感兴趣。尤其是苏非教徒和佛教徒，他们有这方面的专论，并且为此设计了一件令人称奇的工具：度量学，也就是说一种定义了可精确计量——或者说可以更好地被计量——的尺寸的科学。

对人的体形的研究催生了文艺复兴，对思维形式的研究将在神经复兴中

---

[1] 就像大部分人无法用舌头舔到自己的肘关节一样，有些思维动作对我们中的大多数人来说是做不到的。但我们并没有意识到这一点。

起决定性作用。该研究既涉及艺术也涉及科学，我们已经能在一些文献中找到神经工效学的主题和形式。

例如，帕特里克·莫迪亚诺在他的小说中提到了"场所方法"，这是一种古老的记忆手段，但如今从神经科学的角度得到了研究。同样，关于普鲁斯特对其联想记忆和情节记忆的意识，作家乔纳·莱勒指出，"普鲁斯特[1]是一位神经科学家"。神经心理学将产生重大的艺术影响，这在电影、欧普艺术甚至信息科学中已经得到展现。我们对思维的自由程度、节奏和范围知之甚少，神经度量学还有待开发，但可以确定的是，如果明智地进行开发，其发展对我们有利无害。

思维文化

跟肌肉一样，我们的大脑在痛苦中会萎谢，但在约束中却可充分发展——我们的自由在于可以自己决定何时以及如何对其施加约束。如果说过去希腊人曾将我们的形体推向极致，那么今天我们也可以通过某种练习来整理我们的神经系统。"有健全的身体才有健全的精神"，这是我们应该捍卫的理想，是我们通过行使自由意识追求的理想。

至于剩下的，大自然会负责考验大脑，就像它一直在做的。再说，正是大自然强加给大脑的这些考验塑造了它，大自然对我们的大脑和对我们的身体一样冷酷。我们的非洲祖先们从事的狩猎活动是对耐力的考验，其艰难程度胜过最难的马拉松比赛，但经过这样的选择我们才有了——例如——出汗的能力。大自然强行造就了我们的一切：我们的营养、我们的社交、我们衰

---

[1] 普鲁斯特，法国作家，意识流文学的先驱和大师，代表作《追忆似水年华》。

老和睡眠的速度、我们的感知、我们的时间和空间概念以及我们对数字和基本几何概念的理解。

如果说存在一种身体文化，那么也有可能存在一种思维文化，但思维文化只应扎根于自由自在下的舒适惬意。真正的身体文化并非将身体禁锢在肌肉中的文化，而是赞美身体和解放身体的文化。例如，消防队员对这一概念有十分清楚的认识：如果不能徒手爬上一栋楼，他就知道他不能出警，因为这样的运动空间过于狭小，不能赋予他足够的行动自由，因此他没法去救火。

身体文化的使命是扩大我们的运动空间，思维文化也一样，而这正是学习的神圣使命：通过教育增大自由，让教育为自由服务，而不是反过来。

为了锻炼肌肉，我们可以进行重复性任务或者以消遣、激励为目的的体育锻炼。我们可以在健身房利用器械或者在室外练习不同的竞技项目。神经锻炼也一样。一般来说，我们的大脑害怕在不了解原因的情况下执行一项任务，进化让它不倾向于进行这种形式的活动。事实上，一旦失去放弃某些任务、无视某些目标、抑制某些可能的能力，作为认知系统深刻本质的自主性将无法发挥出来。一个不合常理的"东抓一把西抓一把"的学习系统是不存在什么自主性的。

自主需要抑制，因此，从某种意义上说，自主跟无知是一样的。从非通俗的意义上说，"我不了解故我在"：作为个体的自我肯定，就是与整体的割裂。该主题出现在许多哲学理论中。苏非派圣人曼苏尔·哈拉智遭到了处决，因为他在公众场所大喊"我是真理"，也就是说"我是真主"，其实他想说的是他不再有自己的个性，他完全融入了整个世界，从严格意义的泛神论的角度看变成了神本身……对苏非教徒来说，这也是新月的象征意义之一，代表了一名观察者眼中两个圈子的一致。第一个圈子是"我"，第二个圈子是"整体"。这一概念在认知科学方面十分有趣，因为认知和元认知（或自我意识）不可避免地建立在对世界的不了解之上：所有认知系统都将自己建立在"不了解整体"这一基础上。任何认知都是一种局限。意识到自我，就是不再意识到其余的事情，这是自主性的基础。这一机制的出现是因为人脑有必要了解其行动（尤其是重复性的行动）的动机以便完成这些行动。

这种认识不需要被理智化，它可以是无意识的，但它应该存在。它甚至可以是局部的：玩电子游戏就是这种情况。至于剩下的，大脑不喜欢认知方面重复的限制性任务，这种任务往往使它受到禁锢而非得到充分发展。如果说我们欣赏一本优秀读物或一个出色的电子游戏胜过分析一本账簿，那是因为它们让我们经历更加多样的心理状态，它们把自己的重量分配在我们思维以及神经系统的几个模块上。

我们的大脑中，在探索与利用、标准化与创造性之间存在一种恒久的紧张关系。这种紧张关系是人工智能自主性的基础问题，也难怪它会成为这场革命遇到的最核心的问题之一。然而，已知最好的解决办法也许是大脑，也正因如此软件公司越来越多地从大脑这里得到启发来设计自主决策系统，尤其是在无人驾驶汽车方面。探索与利用之间的紧张关系在我们现今的标准化教育中也可以看到，这种教育绝对偏向于利用（因为利用可以打分）而不利于探索（人们不大知道如何在班上对探索进行评价）。

工作中的大脑

我们周围的东西常常对我们说："你可以从那里捉住我"，但认知和思维任务可不是这样。利用皮层把握一个概念，这是神经工效学的关键，因为我们并非自然而然地"看见"概念（更不必说其把手了）。这就是元认知的问题：我们不知道我们知道自己所知道的一切。

"知道我们知道"对大脑来说是要付出很大代价的，该代价主要通过额叶皮层的过滤来降低，在有意识地执行每项任务之前，额叶皮层会建立一种执行该任务的能力模式，该模式大致可靠。通常，额叶皮层似乎在对我们低语（尽管它没有构词能力）："你确定你能做这个吗？"……这最终让我们起了疑心。在我们知道什么却以为自己不知道的时候，正是这一现象在上演。然而，元认知不仅涉及"知道我们知道"，还涉及"知道我们如何知道"以及"知道为什么我们知道"。什么？如何？为什么？哪里？何时？这些是我们的"知"的元数据。就像数码照片的元数据，告诉我们照片是何时、何地和如何拍下的。如果说认知并不总是默认提供这些"元数据"，那是为了避免我们的认知系统过热，而认知系统应总是在进行挑选，确定什么是必要的，而什么是非必要的。

尽管我们常常看不到它们的把手，但存在把握想法的姿态，这些姿态极其多样。这些姿态与我们在生活中遇到的思维考验相一致，不论是谈判、会谈、解决冲突，还是数学问题、治疗抑郁或失眠；不论是听音乐、品尝菜肴，还是回想我们第一次是在哪里吃到这种菜肴，所有这些情绪都是大脑工作的例子。肌肉为做出精确和细微的动作而发挥协同作用，于是人的手既能打碎一块砖，也能演奏琶音，同样，我们的大脑既能理解数学概念也能理解戏剧的情感。

但是，人类总是对那些天然美好的事物不屑一顾，不论对大自然还是对神经都是如此。一束阳光、一滴纯净的水、凉爽的空气、回春的大地、运转的大脑……我们很难欣赏我们毫不费力就能得到的东西，以至于我们的经济——尚且十分幼稚的经济——将价格与价值、价值与稀缺混为一谈。对我们的身体来说，适宜呼吸的空气具有不可估量的价值，但空气几乎是不收费的（眼下）。至于大脑，大部分人什么也没付出就拥有了一个大脑。地球上的 70 亿个人脑让人类相信神经并非什么宝贵的东西。这是错的。我们身上有着极其宝贵的东西。这一令人赞叹的意识觉醒是一种拯救，一种解放，鼓舞着我们的神经复兴。

4. 神经复兴

三大（再）发现

第一次复兴诞生于三大再发现的因缘际会：古腾堡再次发现了印刷术（中国人先于他掌握了活字印刷术），欧洲人再次发现了美洲（并不是踏上美洲土地的第一人）以及科学和解剖学大发现（比如了解血液系统或眼睛的构造，这些知识最初在古代论文中被提起过，并且得到了阿拉伯医学的采纳或否定）。

今天，我们面临三个同样的运动：互联网比活字印刷术更加深刻广泛地改变着世界。空间探索与文艺复兴时期的地球探险殊途同归并激发了无限的热情：在最近招募去火星的单程旅行志愿者的活动中，网络报名人数超过十万。被视为复兴者的企业家埃隆·马斯克有一句名言："我很想死在火星上……但不是撞击中"。2014 年我们发现了地球在拉尼亚凯亚（夏威夷语的意思是"无法测量的天空"）超星系团中的新地址，我们对这个巨大的星系集合体几乎一无所知，但这个发现对当下的意义就像日心说对哥白尼时代的意义一样。开普勒任务给我们带回了与地球相仿的临近星球大量的史无前例的信息。在地壳之下，我们意外发现了大片水生岩（包裹在碳晶体中的尖晶橄榄石晶体[1]）沉积，即大量石化水。

最后，在解剖学方面，目前的大发现是神经科学。

亚里士多德认为人脑的功能之一是热调节：他把人脑看作某种散热器。该假说并不可笑：大脑是凹凸不平的（它拥有大量脑沟，以使表面积达到最大），供血丰富（所以，虽然没有大动脉穿过，大脑也会大量出血），我们的头顶很容易受寒。即使你有时觉得，大脑在某些人身上只起着散热器的作用，但它是有其他功能的，我们如今对大脑的认识与古代哲学家和医生们相比已经达到了空前详细的程度。这种认识是可上溯至史前的长期酝酿的结果，人类为了解自己进行了大量如今已难觅踪迹的试错。例如，罗马医生斯克里波尼乌斯·拉杰斯曾提到使用电鳗来治疗偏头痛，这其实可以被看作一种电生理学尝试。我们还拥有史前穿颅术的证据，正如在仪式中吞吃精神药物的证据一样，这是实践大脑科学的一种特殊方式，可见于世界范围内整个萨满教的大派系。这一派系过去被称为"突雷尼人"，可能是一个多元的派系，其中包含西伯利亚通古斯人的祖先，美洲的萨满教传统也许就源于他们。该派系最初在仪式上吞食某些鹅膏菌，随后希望通过摄入迁徙之路上发现的动植物来重获精神效应，不论是仙人球"乌羽玉"（早在 1898 年其被冠以此名的数千年前土著人就认识这种植物了），还是作为调制死藤水基础配料的"梦幻之藤"。这些土著人怀着某个明确目的（与作为"娱乐"消费特征的自私自利的满足相反）对精神药物进行的直接尝试，是科学研究取得进展的一个现实因素。

---

[1] 皮尔森，布伦克，内斯特托拉等，《钻石中包裹的尖晶橄榄石所表明的含水地幔的变迁》。

科学与意识

被誉为现代科学方法之父之一的弗朗西斯·培根建议根据经验来确定宇宙的结构。我们大都忘记了的是，他极其重视主观性，而现代神经科学对此简直是发自内心的蔑视。幸好，这种现实的蔑视因弗朗西斯科·瓦雷拉在"神经现象学"方面的出色工作而发生了变化，其工作就是利用一个实验对象的感觉来解释其大脑中发生的事，并将其与外部措施进行联系[1]。瓦雷拉及其合作者因此利用"第一人称数据"——主观数据——来引导获取"第二人称数据"，它由于错误叫法被称为客观数据，但其实并未超越"观点"的范畴。

一般说来，我们倾向于认为主观性使我们无法获得起码的大脑知识。这很正常，因为大脑的自然运转是不自觉的。虽然我们会走路，但我们不一定能描述如何走路。虽然我们会跳舞，但我们不一定能描述如何跳舞。我们会呼吸、讲话、思考……但我们不知道自己是如何做出这些动作的。我们不了解我们的判断运行机制、推理运行机制、情感运行机制等等。对神经过程的意识是一种征服，一种努力。这一意识并非自然而然的。不过，正是对征服的意识、实现征服的强烈愿望，为神经复兴奠定了基础。

所谓的"西方智慧"（但沉溺于幻想之中的西方并未独占该智慧）的重要启示就刻在德尔菲的阿波罗神庙的正面。苏格拉底把它作为自己的哲学口号："认识你自己，你就将认识宇宙和诸神。"就许多精神传统而言，在没有功能

---

[1] 卢茨，拉绍，马蒂内里等，《利用第一人称数据研究大脑动态指南：一项简单的视觉作业期间同步模式与持续的意识状态有关》。

性磁共振成像、没有脑磁图描记术、没有电生理学、没有光遗传学的情况下认识自己事实上被认为足以认识一切。但问题不在这里，因为重要的不是让精神性与科学竞争：这样的对立是无谓的，因为人并不完全是理性和科学的：人是意识的，而意识比科学更广泛。把科学放在意识的对立面或精神性的对立面，就是让我们的存在的基本模块针锋相对，在我们身上引起一场绝对没有胜利的内战。把科学放在精神性的对立面就是让我们本应彼此协作的双手针锋相对。神经复兴显然需要神经科学，但也离不开智慧、判断空间和人性。

对诺贝尔文学奖获得者多丽丝·莱辛以及才华横溢的神经科学家、斯坦福大学教授罗伯特·奥恩斯坦产生了巨大影响的伊得利斯·沙阿相信了解自己对于了解世界是必要的和充分的。不过，他力主广泛传播实验心理学的最新发现。"出于对人类的爱，您希望今天发生什么？"在 1975 年一档以"今日心理学"为主题的广播节目中，记者伊丽莎白·霍尔问他。他的回答很有说服力：

如果有人听的话，我真正希望的是，最近 50 年的心理学研究成果得到公众、得到所有人的探讨，以使这些发现成为他们思考方式的一部分。目前，人们只采纳了其中的一些。他们经常谈论弗洛伊德口误，他们认可关于自卑情结的看法，他们拥有如此丰富的心理学资料，却拒绝使用。

说一个苏非教的故事。一个人走进一家店铺，他问店主：你有皮革吗？

—— 有，店主回答。

—— 有钉子吗？

—— 有。

—— 线呢？

—— 绝对有。

—— 针呢？

　　——当然。

　　——那么，你为什么不给自己做一双靴子呢？

　　这个故事想说的是在利用现有知识方面的失败。生活在这种文明中的人在富足中活活饿死。这是一种正在崩塌的文明，不是因为它没掌握能够拯救它的知识，而是因为没有人真正想要利用这些知识。

　　存在关于大脑的知识，这些知识是我们唾手可得的。神经复兴就产生于将这些知识与有益的目的相联系的过程，而这些知识的敌人就是科技小集团的自我，这些小集团在思想界对待领土权的态度跟现实世界中的狗一模一样，极其反感合作、分享、协同作用。然而，还有什么比产生知识而不加以利用更可悲的呢？

　　有许多论文吹嘘自己不与"正在形成的"知识拉开距离，因为它们认为这一举动是反学术的。然而，拉开距离是人类意识的一种绝佳姿态（还与文艺复兴运动有关），需加以鼓励而不是制止。另外，今天，知识卡片在增多，谱系也一样，通过这些谱系，研究人员能绘制演变中的知识。显然，这些谱系具有局限性，因为它们只代表知识的"已知地域"，可以说是沿海地带，但其优点是连接未经勘探的广袤"未知领域"里的新鲜内容。

神经法西斯主义

学术权威之恶

　　精神性应始终与科学相伴，而不是与科学斗争。精神性如果与科学对立就再糟糕不过了，历史常常向我们揭示这一点：过去的精神科医生毫不犹豫地强行对病人做脑叶切开手术，同样，某些遗传学家痴迷于优生学，支持为"社会保健"目的开展强行绝育运动。更不必说那些傲慢的学者了，他们维护相面术这一伪科学，正如今天另外一些傲慢的学者维护计量书志学这一伪科学。这些人对他们的时代来说无疑是出色的，但他们自命不凡，不近人情。

强制脑叶切开术是这种贻害无穷的狂妄自大的典型例子之一：在人们对大脑几乎一无所知的时候就搅动一个人的额叶，并不容置辩地断言这是医疗所需，因此符合"首先不要伤害病人"这一神圣原则，但这只不过是人类残暴对待身体和精神的其中一个案例。他在不了解大脑的精妙非凡的时候就把它打碎了。他毁坏自己所不了解的东西。然而不论是白大褂、博士学位，还是科学、企业、国家的支持，都不能使其合理化。然而，总有野蛮的文凭持有者或野蛮的国家——野蛮这种属性并非不能与这两者兼容——而且数量还相当多。

有两条道路摆在我们面前，今后我们必须在神经复兴和神经法西斯主义之间进行选择。我不认为这样说是危言耸听，因为神经法西斯主义，属于一种长期历史现象，即滥用科学。别忘了，最残忍的生物医学人体实验大部分是与得到国家和同行承认的医生和科学家串通进行的。然而，苏非教谚语说："贤人中最差的是君王的客人，而君王中最好的是贤人的客人。"应该是权力向智慧低头，而不是反过来。

因少数人的暴行而给多数人定罪是可憎的，某些科学家参与不人道的行动并不意味着所有科学家都有罪。如果说不让少数人败坏多数人的声誉是明智的，那么试图通过少数人挽回多数人的声誉就是崇高的。最近曝光了一些美国心理学协会的内幕，原来该协会的一些知名成员参与了中央情报局的酷刑方案。问题不在于谴责美国心理学协会，因为它有数十万成员，而在于我们作为民众群体的一员，在这一趋势中放弃了自己的权利：我们将自己的能力、身份、自由意志出让给一些经常忘记自己应该服务于谁的机构。

正是由于约束，甚至由于行为倾向，我们让自己的大脑臣服于权威，打小就是这样，之后始终如此。

一种无法理解的科学这种鬼话

神经复兴不会实现，除非民众群体掌握神经科学，领会神经科学，直到不再需要任何祭司般的权威人物来将大脑从为其创立的各种系统中解放出来。在这一运动中，声称神经科学难以理解的人，想要把神经科学塑造成某种"内行准入"的深奥艺术的人，都会给同时代的人带来痛苦。由于神经科学晦涩难懂的天然属性，比起危害更大的某种暗示，我宁愿研究人员公开表明态度，宣称神经科学是精英们的事，也不愿他们暗地里这么想。因为尽管同样愚蠢，但前者的优点是摆明自己的论点并以批判精神阐述这些论点；而这样做的时候他就会意识到自己的偏差和偏见。相反，持有这样的论点但不承认的人甚至还不准备正视这个观点。

如今拥有世界上最好的科普政策的国家是美国。据我所知，一个重大发现从产生到普及，美国是全世界用时最短的国家之一。美国人对待科学的态度与我们欧洲拉丁人截然不同。如果将意大利或法国的报纸与《卫报》之类的日报进行对比，我们会震惊于双方对科学文章探讨深度的差距。然而，在我们所处的 21 世纪之初，趋势是基础研究与普及之间日益明显的融合。知识的传播符合所有人的利益，一个美妙的前景是未来的研究使新奇的发现与其普及相结合，以至于科学发现立即就为其出资者——社会民众——所了解。

如果说目前的研究情况不佳，那也是因为其发表系统是收费的和封闭的。只需想想：一名国家科学研究中心的研究员在法国和欧洲公民的资金资助下进行研究，事实上有义务使他的全部研究公有化而不收取版税，也不将其转交给国家科学研究中心。如果他收取版税的话，肯定能够收回其四分之一的年度预算资金[1]。

当前的研究状况导致脑力劳动者得跟收费期刊斗智斗勇，恳请它们免费接受一项花费了纳税人数百万欧元的成果。但最糟的是他得两次为自己的研究付费：为了阅读同事们的研究成果，他事实上得订阅昂贵的科学期刊。

转移科学发现

在美国，一个主张自由和免费查阅期刊的运动正在兴起，其中最著名的领军者是科学公共图书馆（PLoS）。此外，加利福尼亚州已经规定了公众可以免费查阅由纳税人出资的研究工作沉淀的所有出版物，即便该出版物由一家私人出版机构垄断。该决定是亚伦·斯沃茨丑闻的结果，亚伦·斯沃茨是麻省理工学院的一名优秀大学生，在免费散发了数千份收费的科学出版物后于 2013 年自杀身亡。当时他面临最多 20 年的监禁。这一极不公正的和如此违背公众利益的指控足以令已经在心理上受到大学粗暴对待的斯沃茨走向自我毁灭。

在这个病态的系统中，有益的倡议还是在日益涌现，一些有预见力的人指明了道路。例如，教育学家弗郎索瓦·塔代伊推出了"博学的冒险家"方案，该方案在于通过研究培养学生。大卫·贝克和赛斯·库珀开发了生化游

---

[1]　科学出版集团爱思唯尔一年赚的钱比整个（法国）国家健康与医学研究院的经费还多。

戏 *Foldit*，通过该游戏，无论是谁都能对蛋白质结构研究做出贡献，并且在我写这本书时，该游戏已经被认为是一个更广义范围上的科学研究游戏化趋势的预兆[1]。牛津大学的凯文·肖文斯基则开发了合作式科学游戏《星系动物园》[2]，有了这个游戏，无论是谁，只要能进入一台计算机，就能帮助天文学家确定一个发光信号是否来自一个星系、一颗星星，或者只是一个错误。至于2006年荣获菲尔兹奖的陶哲轩，自从开通博客后他就参加了魅力十足的 Polymath 项目，在该项目中，每个人都可以为求证数学推测向科学界提出自己的想法。由数学家蒂莫西·高尔斯在2009年发起的 Polymath 项目，一开始不过是发在他博客上的一份挑战书，是他为集思广益而提出的一个艰深定理。对各种观点和概念的讨论自由而热烈，与阅读委员会的正统做法相去甚远，经过讨论，高尔斯注意到他的定理得到了证明。能够调动大量 At——人的注意力和时间（即便是非专家的人），就能够改变世界的面貌。我们还注意到，最近有一个斯堪的纳维亚团队聚集了自己开发的电子游戏的大量玩家，解决了一个量子信息技术的基本问题[3]。

　　神经科学将利用"众包"（crowdsourcing）这一趋势，如今维基百科是这方面最著名的例子。因此，必须普及神经科学，去除其中晦涩难懂的语言，以便所有人都能了解这门科学。这一行动的原则很简单："拥有神经元"这

[1] 西格尔，贝尔，库珀等，《通过 Foldit 玩家引导的脊椎重塑加强 DA 活性》；哈提卜，库珀，蒂卡等，《蛋白质折叠游戏玩家的算法发现》；哈提卜，迪马意欧，库珀等，《蛋白质折叠游戏玩家解决的一种单体逆转录病毒蛋白酶的晶体结构》。

[2] 林托特，肖文斯基，绍洛伊等，《星系动物园：斯隆数字巡天项目的星系视觉检测得到的形态》。

[3] 索伦森，彼得森，蒙奇等，《通过电脑游戏探索量子速度极限》；马尼斯卡尔科，《物理学：通过游戏解决量子问题》。

件事赋予你了解神经元的不可剥夺的权利。因此，神经科学是一件过于重要而不能只扔给神经科学家们的事。普及是必要的。

人们在科学上发现的一切是可向子孙后代解释的。这是"可解性的不变性"原则，该原则描述这样一个现实：尽管每个孩子出生时大脑都是"新鲜的"，但他能在有生之年吸收数千年的科学研究成果：这表明所有这些需要几个世纪研究出的概念是可以进行一些思维加工的，也是我们可以想象的。

你不了解你的神经元？其他人将为你了解它们

神经复兴也要通过身体，也与信息科学相关，而且在这一领域，神经法西斯主义的风险特别大。我们将逐步进入"可穿戴计算"（wearable computing）的时代，也就是后后个人电脑时代，可穿戴计算日益拉近电脑与肌肤的距离，直至有时穿过肌肤（例如起搏器）。没有不脆弱的亲密，而信息技术正在变得越来越亲密，这有可能使我们变得脆弱。2013 年 7 月 25 日新西兰黑客巴纳比·杰克被发现不明不白地死在了旧金山，时年 35 岁，他能够轻易侵入并控制一台自动取款机、一台胰岛素泵或一个心脏起搏器。也就是说，他能把信息技术用作一件武器，从而掌控人的生死。

在不远的将来，世界很有可能会变成一个野蛮之地，市场规律与神经技术的结合将剥夺人的生理完整性。在技术上，这是可以想象的。这个噩梦的源头是绝对的反智慧，由于反智慧，人掉进了自己创造的系统的陷阱。

很快，那些能够改变特定认知性能的药丸——能提高脑代谢的物质或者认知兴奋剂——将带来这类问题，原因是一种经济学家们称作"公地悲剧"的现象。如果兴奋剂能使一名健美运动员更有竞争力，那么所有健美运动员都会想使用兴奋剂：因此是公地悲剧。

健美运动是小众的，而教育是大众的：如果教育仍像现在这样只在数量方面具有竞争力，那么所有人最终都会使用兴奋剂。

与此同时，当年走出大型主机的巨大房间以 PC（个人电脑）的形式进入人们办公室的电脑，现今已经开始在非医疗状况下贴近了人们的手指、耳朵、手腕或者面部。这就是可穿戴设备的趋势，这些设备可以收集大量神经科学数据，面对这一现象，过去数据狂热者们的所有努力都显得那么幼稚。最终，这些数据可以开放或者封存，私有化或者众包，就像在维基百科中一样，决定其用途的将是其存在理由。因为，在经济学家彼得·德鲁克看来："信息是具有相关性和目的的数据。因此，将数据转化为信息需要知识。"

苹果公司已经推出了一个诊断帕金森病的简单程序，该程序以一定的频率轻拍戴在手上的手表的屏幕，通过这种并无先例的方式收集神经生理学的基础数据。颂南番提博士使用"数据组（datasome）"这一术语来指称这些数据。事实上我们有一个基因组（我们的全部基因）、一个转录组（其全部表达）、一个表观转录组（其所有调节）、一个蛋白质组（我们的全部蛋白质）、一个连接组（我们的全部神经元连接）、一个智慧组（我们一生的全部思想和思维对象）……现有有了一个数据组：我们从出生到死亡所产生的全部数据。该集合可能有各种各样的子集，例如：

• 浏览组，即我们从出生到死亡访问过的所有网页。由于已经有了生来就同数字技术打交道的一代人，该概念变得尤为明显，这些孩子一出生，或者甚至在出生之前——当他们的父母公布他们的超声检查影像时——他们就体验到了社交网络。

• 社交组，即我们的全部社交以及其他人所表述的和得知的关于我们的一切（尤其是情报、警方记录、档案和反间谍材料）。

• 过敏原组，或者病征组，也就是说我们的全部病征，通过这些迹象可以诊断疾病。

"组学"的兴起（连接组学，智慧组学，浏览组学，数据组学，基因组学，等等）对"刺激医学"来说大有希望，因为刺激医学可以利用"组学"来提高其诊断和预后的准确性。病征是有一个过程的，可以通过受条件限制的统计分析来研究这一过程：既然某个病人吸烟，那么他得肺癌的概率有多大？既然某个病人有这样或那样的病征，那么他得这种病或那种病的概率有多大？如果我们拥有大量数据组，我们就能做出十分可靠的预判，有时还会发现疾病与生活方式之间出乎意料的联系。同样，数据挖掘（data mining）和知识挖掘（knowledge mining）技术使得从大量数据中提取出乎意料的知识成为可能，这与只能得到意料之中的知识的统计测试不同。

但在这一切中，谁服务于谁？从伦理角度看，绝对有必要想办法使人们在未经当事人明确许可的情况下无法追溯到数据的发送者，因为这属于其隐私，任何插手别人隐私的人都会对其造成损害。尽管遭到以美国国家安全局为首的全世界情报机构的一再违反，但《世界人权宣言》第十二条对这个问题有十分明确的规定："任何人的私生活、家庭、住宅和通信不得被任意干涉，他的荣誉和名誉不得被加以攻击。人人有权享受法律保护，以免受这种干涉或攻击。"

今天，国家、机构、企业不但拥有最优良的装备，而且对数据组的潜力有着最为清醒的认识。例如，对冲基金从了解投资人可能的行为、倾向和健康状况中获益良多。而保险公司很有兴趣准确了解其承保的风险。然而，民众群体应该了解自己，比国家或企业了解得更多。这正是具有哲学意味的神经自由主义所依附的原则：如同人们应不惜一切代价捍卫个人自由一样，应该不顾一切地保障个人的神经及其运行痕迹的健全，神经元运行痕迹比指纹、视网膜信息或者任何其他当前的生物统计数据都更广泛，信息量更大。

换言之，如果你不了解你的神经元，其他人将为你了解。这就存在神经法西斯主义的风险。唯一能够预防神经法西斯主义的是大多数人对神经工效学——即工作中的神经元运行痕迹——有意识。如果是这样，人类就安然无恙了；如果不这样，人类就会有无尽的痛苦，因为在使他人的神经发出令人难以忍受的刺耳声音方面，人尤其能干。如果说美国心理学协会的几个成员（后来受到了制裁，但制裁的程度远不及他们的邪恶程度）正式参与了中央情报局的酷刑计划，这是因为他们充分了解大脑的运作，有能力在大脑中引起一种极其痛苦或费力的认知姿态，而且是以可效仿的和科学的方式。

人祭

自 1921 年起，苏联制订了一个方案：在一个后来被称为"房间"的中心对人体进行毒物实验。1954 年还进行了托茨科耶核战演戏，演习在朱可夫元帅的指挥下进行，超过 45 000 名士兵的健康因此受到损害。

同一时期，正义轴心（主要是经合组织国家："高尚的"国家）也没闲着，所有核国家都在制订自己计划的过程中侵犯了人权。已经批准大规模优生学实验的美国用放射性混合物喂养接受精神病治疗的儿童，或者在科学实验中让囚犯的睾丸接受辐射，有意导致严重的胎儿畸形。1994 年，艾琳·威尔萨姆因调查数百起这类实验而获得普利策奖，特别是她发现杰出的毒物学家哈罗德·霍奇曾参与用钚对接受精神病治疗的患者进行静脉注射，当然是在没有告知他们的情况下。这位受到同行认可、著有几百篇文章和好几部学术著作、曾担任毒物学会首任主席的研究人员因此是一位没有人性的杰出人才，就像他的同事艾伯特·克利格曼一样。在 20 世纪 60 年代，克利格曼用精神药物做人体实验或者给实验对象注射二氧芑，这些实验没有得到实验对象的同意，但得到了美国国防部的批准。

同样可怕的是臭名昭著的 MK-Ultra 计划，申请该计划的是当时中央情报局的头头艾伦·杜勒斯，他是普林斯顿的优秀毕业生，自称是基督徒。MK-Ultra 是一个利用认知方法、行为方法和化学手段对实验对象进行洗脑的计划。该计划源于以前一个被称为"洋蓟项目"的行动，该项目想解决的科学问题已经十分清楚："对一个人的控制足以让其在违背个人意愿，甚至违背基本自然规律（如生存本能）的情况下执行控制方的命令吗[1]？"

MK-Ultra 计划最阴暗的部分之一是"午夜高潮"行动，该行动由加州理工学院的杰出博士、王牌间谍西德尼·戈特利布监督。在中央情报局的资助下，这个实验让妓女们在开展实验的妓院引诱客人，让这些客人在不知道的情况下服下各种剂量的精神药物，包括摇头丸。人们透过单向透视玻璃研究客人们的行为，并且由于实验对象相对丰富，人们可以轻易测试各种性勒索技巧[2]。另外，"午夜高潮"是摇头丸进入北加利福尼亚州的推手之一，这种毒品对幻觉剂反正统文化的形成起到推波助澜的作用，在商业个人电脑革命中绝对有这种反正统文化的影子[3]。

---

[1]　温斯坦，《精神病学与中央情报局：精神控制的受害者》。

[2]　格力杰克，《以科学之名：一段秘密计划、医学研究和人体实验的历史》；奥特曼，《美国的酷刑：从冷战到阿布格莱布监狱及其之后》。有一部戏剧也受这些事件启发：贝尔，《午夜高潮行动：剧本》。

[3]　马尔科夫，《睡鼠说了什么：60 年代的反正统文化如何影响个人电脑产业》。

在我写作这本书的时候，维基百科用整整一页的篇幅来收录词条"美国不道德的人体实验"。这又一次证明了以国家安全、战争或医学的名义实施的那些可怕暴行，而美国从来就不是唯一的施暴者。

人祭，绝对没有消失，只是所供奉的神变了。毋庸置疑，毫不犹豫地利用医学、化学或心理学来对付自己的人类也将利用神经科学来自我奴役。再说情况现在已经是这样了。

宾夕法尼亚州立大学生物伦理学教授、在伦敦执业的律师乔纳森·马克斯最近在《美国法律与医学杂志》上说，他坚信，功能性磁共振成像（fMRI）在美国被用作测谎仪。例如，有可能将一名疑似"恐怖分子"的人送入磁共振成像设备中，对他进行箭毒麻醉使他不能自主呼吸，用辅助呼吸设备维持其生命，然后向他提问题，同时在他身上识别与说谎相关的神经元。每次在他说谎时，人们就切断其辅助呼吸设备，直至得知真相。这将是一种神经-工业审讯方法，不人道却文雅。

确认偏误：三个例子

乔纳森·马克斯对磁共振成像实验得出的结论是："这不会使酷刑过时，而是会成为进一步虐待囚犯的许可，因为看了'这个实验'，人们会相信他们确实抓住了恐怖分子。"这就是著名的"确认偏误"的其中一个例证，"确认偏误"促使我们记住坚定我们信念的东西，排斥动摇我们信念的东西；创造一个信念体系以便在信念之间聚合事实（这些事实不一定有联系），并将该体系投射到现实中。能够让我们看见现实本来面目的情况十分罕见，我们看见的现实都是经过我们的信念和周遭环境过滤的变形的现实。

例如，今天，我们听到的一个谎言是文明间的冲突本质上是不可调和的。

然而，我们可以驳斥这一谎言，别忘了弗朗索瓦一世与苏莱曼大帝曾缔结法国-奥斯曼帝国联盟，一代代法国国王延续着该同盟，一直到第一共和国，该同盟的存续时间超过两个半世纪；别忘了美国最伟大的诗人爱伦·坡经常在其诗歌中歌颂伊斯兰教带给他的灵感；别忘了苏非教对行吟诗人和骑士之爱影响巨大；清真寺的尖塔是一种受基督教启发的结构。

然而，这一谎言仍在扭曲大众的现实观。这正是"封闭思维"的认知偏差。

让我们再来看看2015年欧洲的三个突出案例吧：《查理周刊》杂志社遭袭、11月13日巴黎的恐怖袭击事件、德国之翼9525航班坠毁事件。

在这三个例子中，我们看到一些无法赋予自己生活意义的年轻人——按照谢赫·哈立德·本托涅斯教长的说法——试图在自己的死亡中找到某种意义。《查理周刊》大屠杀中有12人遇害，轻易就加强了文明冲突的模式，其反响巨大。我说的反响是指对这个事件的记忆以及该事件所引起的反应的持续时间。11月13日的事件也一样，当天的袭击造成130人死亡。

德国之翼谋杀事件造成的死亡人数是《查理周刊》袭击事件的十二倍，其动机是一样的（赋予死亡以意义），但并未使某个模式得到强化。然而，该事件仍比两个意识形态相合的袭击事件造成的死亡人数多。当然，其造成的波动远不如另外两个袭击事件，因为证实性偏见是认知错乱的强大推动力：比起坠机来，人们对意识形态袭击的记忆更加牢固，因为坠机并未强化某个令人惊愕的思维系统。

罗森汉的教训

科学界并未摆脱确认偏误。能很好地证明这一点的实验是大卫·罗森汉的实验。

　　20 世纪 70 年代初期，这位斯坦福的教授决定考察一下精神病诊断的可靠性和客观性。他为此设计了一个实验，把 8 名健康的实验对象（3 女 5 男，其中包括他自己）送进美国的各个精神病院，这些人是自愿被关进去的。在这些精神病院中既有经费较少的农村医院，也有知名大学医院，甚至还有一个公认条件极好的私人诊所。一开始，实验对象们要假装有幻听症状，因为这是精神分裂症的典型症状。一入院，他们就得恢复正常，解释说他们感觉好多了，不再有幻觉了。这么做的目的是考察医疗部门的反应时间，确定他们什么时候会意识到这些实验对象精神正常。

　　然而这些病人始终未能让医务人员相信他们没病。为了出院，他们不得不向医疗机构承认他们是处于"病情缓和期"的精神分裂症患者，同意进行药物治疗，也就是说必须在院外接受治疗。这些假患者被剥夺自由的平均时间为 19 天，被关在医院最久的长达 52 天。

　　假患者被罗森汉要求在住院期间记笔记，并对医务人员进行观察。在某些情况下，医务人员恰恰会强行从精神病理学的角度解释他们记笔记的行为：记笔记变成了一种病态的"书写行为"。在任何实验点，首先怀疑这些假患者是记者或研究人员的是病人而非医务人员，而这样的怀疑自然被医务人员解释为妄想。

　　罗森汉从没想过自己会被关上两个月："我能离开医院的唯一办法是认可医生的诊断：我疯了，但在病情缓和期[1]"。他还注意到周围的病人遭受了残酷的非人道待遇：人们对待他们就像对待物品一样，经常对他们进行搜查，侵入他们的私生活，有时观察他们上厕所，护理人员当着他们的面谈

---

[1]　罗森汉，《健康人在疯人院》。

论他们。一位医生向他的学生们描述在餐厅等开饭的病人的行为是"一种口腔习得症状",而不应该仅仅把该行为看作吃东西的天性。

在这之前还有一个精神病学方面确认偏误的例子:1968 年,俄克拉何马大学的教授莫里斯·特默林邀请两组精神科医生对一个人的行为发表意见。事实上这个人是个演员,他的角色是举止正常的。特默林让两组人参与进来。第一组被告知这个人是"一个十分有趣的病例,因为他似乎患有神经官能症,但事实上不如说患有精神病"。第二组(对照组)没有受到任何影响。在对"病人"进行观察后,第一组中有 60% 的人确认他患有精神病,一般认为是神经分裂症,而在对照组中的这一比例则为 0[1]。

1988 年,布赖恩·鲍威尔和马蒂·洛林[2]对更大的样本进行了研究:290 名精神科医生,而不是特默林实验中的 25 名。研究人员让这 290 名精神科医生分析一名患者的谈话记录。在半数情况下该患者被描述为黑人;在另外半数情况下则被描述为白人。该实验可以得出这样的结论:"医务人员似乎将暴力、可疑个性和危险性同黑人病患相联系,即便案例的情况与只有白人患者时一模一样。"

一个医院的医务人员斩钉截铁地说,在假患者的例子中看到的医疗错误绝不会发生在他所在的医院,面对这一批评,罗森汉想对他的第一次实验进行补充。这次他声称将在三个月的时间里送几名新"演员"入院。这一次,该医院的工作人员上套了,他们得确定哪些新入院的病人有可能是参加实验的人。在 193 名患者中,有 41 人被认定为冒充者,有 42 人被认为疑似冒充

---

[1] 特默林,《提示影响精神病诊断》。

[2] 洛林和鲍威尔,《性别、种族和〈诊断和统计手册(第三版)〉:精神病诊断行为的客观性研究》。

者。事实上，罗森汉并没有送任何人进去。

社会是矛盾的，国家在战场上鼓励一些在其他地方会被看作精神失常的行为，而对参加像表达自由那种合理的示威活动的民众进行精神病治疗。对持不同政见者进行精神病治疗是专制制度的一个标志。众所周知，苏联给持不同政见者强行服用氟哌啶醇，一种广泛使用的精神病药物，目的是以化学手段对他们进行控制，控制不成就让他们疯掉。美国也不例外，强行让非法移民服药以便对他们进行驱逐[1]。兹比格涅夫·布热津斯基说得对："今天杀死一百万人比统治一百万人容易多了。"正如我们肯定人身保护的原则一样，我们应该肯定灵魂保护或神经保护的原则：我们的大脑、我们的神经属于我们，谁也不能偷走我们对其享有的主权。

其实，罗森汉的例子所证明的，就是即使在科学记录或医疗行为的规定框架内，我们以为的客观性常常也不过是伪装的主观性。然而，我们能在什么地方找到客观的人类行为吗？不论是评价学生作业的教授，面对被告的陪审团，投票的公民还是做笔录的警察，存在这种客观性吗？

即使是在数学——最"客观"的科学——上，也有宗派：乔治·伯克利以及当代某些数学家认为牛顿提出的"无限小"概念似是而非；毕达哥拉斯不承认无理数的存在；克罗内克尔认为康托尔的集合论很可笑，后来希尔伯特断言他打造了一个数学天堂，然而庞加莱反对这位德国数学家"纯逻辑"的方法。至于埃瓦里斯特·伽罗瓦，他的理论尽管很有见识，但在他活着的时候却被认为是荒唐的。

---

[1] 埃米·戈尔茨坦和达娜·普里斯特，《一些被羁押者被喂药以方便驱逐》，华盛顿邮报。

同行评审是同侪压力

自认为客观的学术界因此和原来的估计差距较大。在学术界，同行相忌和攀龙附凤不仅被认为是美德，想要取得事业成功似乎还必须这么做。更不必说重要的科学杂志挑选文章的过程了，这就是一个主观性登峰造极的过程。2015 年，《泰晤士高等教育》就大学不和发表了如下批评言论：

今年，《英国医学杂志》前编辑理查德·史密斯在其专栏中呼吁废除出版前的"同行评审"[1]："同行评审，他说，意味着科学方面的质量保证，排斥在科学上不可靠的东西，确保读者们能够读到足以信任的科学杂志。然而，事实上，同行评审是无效的，基本上是一种赌博，不利于创新，既拖沓又费钱；同行评审浪费科学时间，达不到其目的，容易被滥用，流弊众多，容易产生认知偏差，最后无法发现舞弊现象。因此，同行评审不合时宜……最好是在线公布所有文章，'让人们去决定哪些是重要的，哪些不是'[2]"。

如果你的大多数裁决者都喜欢你的研究，那么你可以确信自己在做一件令人生厌的工作。为了宣扬在世界上将产生重要影响的思想，你和我，我们应乐于让人们感到不快，在满是批评声的泥泞壕沟中匍匐而行。所有裁决者——也许也包括我——都在下意识地寻找自己认为值得重视的和熟悉的思

---

[1] 涉及由研究人员（同侪）组成的一个阅读委员会。

[2] 《我领教过的最糟糕的同行评审：六名学者在就系统做出判断之前分享自己的经历》。这篇文章提到了理查德·史密斯的《无论如何都无效？为什么同行评审就是不起作用》。

想、支持他们以前所做研究的文章。这是不对的，可悲的。然而，这也是合乎人情的。

正如地图绘制者塞尔日·苏多普拉托夫所说的，"任何创新都是一种反叛"。然而，"同行评审"即是同侪压力，同侪压力并非以鼓励创新而闻名，这种压力有利于利用而非探索。

事实上，同行评审，对科学研究某些方面的影响岂止是有害。以医学为例，人们促进"循证医学"（evidence-based medicine）。与医生有可能在没有证据支持的情况下就给病人大量放血治病的时代相比，这是一个进步。然而，这并不意味着控制证据的人就能控制医学。正如经济学家奥罗克清楚认识到的，"在买或卖受立法控制的时候，首先要去买或去卖的东西，是立法者"。当医学受证据控制的时候，首先要买的东西，是证据、证据的制造者和发表者。然而，当十余种杂志囊括所有医学研究引文的半数以上——即医学研究方面占主导地位的思想，当三种杂志控制着世界大学排名，当每种杂志为一篇文章的"确立"指定不超过三名编辑（这些编辑是谁很好预测），控制证据易如反掌。

人们想象同行评审能够提高科学水平，但这纯属臆想：不仅人们从未从科学上证实其好处，而且许多研究人员（例如伯努瓦·曼德尔布罗和格里戈里·佩雷尔曼）多次证明了其破坏性。不容辩驳的同行评审既是伪科学，也是伪宗教，其实人们可以思考一下，学术帽子是否不过是变了形的圣水壶，这顶方帽以前是天主教神职人员的大盖帽。这大概就是其起源。

如果你追求客观性，那就别阉割或约束你的主观性：这正是各个时代的学者的企图，他们因此变成了宗派分子。实现人身上的客观性的唯一办法，就是练习明晰的主观性这种符合人类工效学的做法：意识到我们工作中的灵魂，其形状、偏见、幻想、爱好和恐惧。在意识上也跟在科学上一样，不应使主观性与客观性相对立。二者发挥着科学作用，正是出于这个原因，像罗森汉、津巴多或米尔格拉姆那样的研究人员沉醉于自己的实验中。但我们喜欢使事物对立：我们天真地以为善恶分属两边，然而，只要我们懂得分辨，我们将看到这两个概念难解难分，界限难以捉摸。人的使命，就是通过成对的对立面学习，所以，就像鲁米吟诵的那样，"人生有两翼来飞翔"。我们不要将内省与观察所得到的信息相对立，所有人都是通过自我的过滤看世界的。自我越是透明，世界就越会清晰地显现出来，既深刻又精妙。我们狭隘的科学观想要彻底抛弃主观性。这是一个严重的错误：这不仅做不到，还会在不知不觉中强化主观性。

关于军人

正如克列孟梭在 1886 所说："战争是一件太过重要以致不能托付给军人的事。"技术也是如此，更何况神经工效学呢？只要我们把聪明用在摧毁的技巧而非建设的技巧上，我们就有自毁之虞。因为人类是一个整体。如果我的左手武装起来对付我的右手，那我的健康肯定会受到威胁。如果我的大脑左半球武装起来对付大脑右半球，我就时日无多了。如果地球的西半球武装起来对付东半球，就会威胁到整个人类的生存。

尽管如此，军事研究仍是科技发展中一个强大的灵感来源。其原因是军事研究能够在巨大的压力下进行，面对这样的挑战，"能做的态度"将超越一切信条、忧郁和傲慢的确定性。因此，正是因为第二次世界大战期间紧锣密鼓的研发，我们才有了 GPS、半导体、电脑和喷气发动机。不合常理的是，压力能够扩大可能的范围，真正增加预算[1]，处在生死存亡关头的组织比财大气粗的组织更容易涅槃重生。

因此，神经工效学有多个明显的军事来源并非偶然。在利用认知科学了解工作中的大脑的研究之初，拉贾·帕拉苏拉曼没有得到同行们的认真对待。这是学术傲慢的典型例子，人们反驳他说，他关于学习、决定或解决问题的实验一点也不严谨和准确……因此一点也不科学。最终是美国军队资助他开展了最高水平的初期研究。军队对他的研究感兴趣，因为帕拉苏拉曼证明了经颅直流电刺激能够缩短常规驾驶技术的学习时间[2]。自 1979 年起，他还就注意力涣散以及当我们延长某些思维任务时警觉性下降的问题提出了令人感兴趣的措施。他的结论显然有利于军队训练新兵。

了解你自己，了解你的对手

帕拉苏拉曼的结论之一是"每分钟行动"最优化，这是电子游戏普及的一个概念。例如，在像"星际争霸"那样一款实时战术游戏中，对一位职业玩家来说，至关重要的是每分钟维持一定数量的行动。这一原则在飞机驾驶舱中或战场上同样有效，尤其是在相互联通的士兵和网络战的范例中。

军事上的一个主要挑战，就是"情境意识"，这是一个"一拃"的问题，每分钟行动的问题，相互关联并以符合人类工效学的方式给决策者展示知

---

[1]　我有意使用了"真正"一词。事实上，美国军费预算的可靠性在第二次世界大战期间比在"反恐战争"期间更有保障。

[2]　斯特伦茨科，帕拉苏拉曼，克拉克等，《年龄较大的成年人中神经认知的提高：对比三项认知训练任务以检验大脑连接中培训迁移假设》。

识的问题。因为按照克劳斯威茨的名言，存在"战争迷雾"，也就是说不知道敌人的意图、位置、活动和手段。正是这团迷雾决定了像戈高维亚、法萨卢斯、奥斯特利茨、滑铁卢或卡塞林那样的战役的结果。

战争迷雾向另一端蔓延：不了解自己、自己的位置、自己的弱点、自己的优势等。正如孙子系统论述的，知己知彼，百战不殆。当作战总指挥精通这两种技巧时——例如亚历山大·苏沃洛夫、陈兴道或哈立德·伊本·瓦利德——他会在战场上无往不胜。

神经工效学是一种帮助认知的技巧，因此在军事或者至少是战术背景下极其重要。收集大量信息是一回事，使这些信息能够传递给大脑是另一回事。正如存在一条指挥和控制链一样，也有一条信息和知识链。以一种易于理解的方式向决策者展示这根链条，并且让所有人员——无论是否战斗人员——了解这根链条，这是一种技巧，关于该技巧，我们要学的东西还很多。"战争游戏"其实是首次尝试以认知有限的一拃能够把握的方式来展现知识、知识的比例和动力。但如同我们谈论增强现实一样，在增强认知方面，我们还可以取得很大进展。

因此，如今，神经工效学使我们可以增强执行任务的飞行员、步兵、突击队和副机枪手的生存能力，并且在一个武器飞速变化的世界，可以加快他们对专门知识的获取，减少他们的学习时间。战场上日益尖端的多武器平台的出现（海陆空无人机、直升机等）意味着人机新交互的创立，其共同目标是使信息更容易为工作中的头脑所理解。

将军能进一步掌握关于双方军队状况的情报，步兵（或者其机器人化身）能够更加有效、更加稳当、更加快速地采取行动，而他随身携带的设备将提醒他面对战场上的种种威胁应采取哪些行动，不论是在城市巷战还是在渗透任务中。直升机驾驶员将完美地感知其目标和所受威胁，竞赛不再是航空电子设备方面的，而是神经元方面的，赢得该竞赛的是孙子的一贯教诲"知己知彼"。

武装起来的人工智能

那么，既然我们能够为了相互残杀而发展这些尖端技术，为什么不能为了其他目的让平民获得这些技术呢？虽然情境智力是政策、战略和战术方面的，但这类情报同样令医生、律师、教师和消防员感兴趣。在我所梦想的世界中，军队努力适应民间社会巧妙的神经元解决方案，而不是反过来；军事天才一贯以平民天才为师，而非反过来；破坏的天赋服从建设的天赋。这其中有大智慧。

军队"没收"神经工效学研究给我们带来滥用的风险。我尤其担心军队将其用于审讯。如今我们有一些反向的视网膜区域定位的例子，这是伯特兰·蒂里翁和斯坦尼斯拉斯·德阿纳引入法国的一个概念，他俩只是通过在功能性磁共振成像中观察一个实验对象的视觉皮层就成功推断出一幅思维图像。该技巧自然需要校准：要请实验对象多次思考一组十分简单的图像（例如一个十字架、一个圆圈、一个三角形）并观察刺激所引起的反应。这样就有了辨别自发活动和触发活动的措施，以便能够仅凭图像推断出某些思维状态；因此可以说观察大脑使在十分有限的范围内"阅读"思想成为可能。我们还不能通过图像推断思维，但正在接近这种可能性。凭借现有手段，我们能够预见某些决策，不管是猴子的决策还是人的决策，某些玩扑克的手法，某人思维的某些感觉成分，例如我们能够注意到在较为复杂的思维框架中，某人是否想到了醋栗的味道，或者高山牧场上新鲜空气的味道。

有了基因编程和深度学习，我们能够走得更远。该技术有可能很可怕，以至于埃隆·马斯克、史蒂芬·霍金等人如今认为这太严重了，因此不能落入军方之手——然而已经在他们手里了……快速模拟演变的基因编程[1]可以产生能够适应多种约束的软件。事实上，如果存在可行的对特定约束的适应方式，那么软件最终将发现这种适应方式：例如，人们已经确认通过数学手段在某种纸牌游戏中屡屡胜出的策略[2]，尽管这还是一个并未得到证实的观点，但我认为人们终将使某种基因算法与每个人的大脑标记相匹配，这样一来人们就能识别在我们的思维中和我们的日常行为中很好辨认的神经标记。行为的统计标记是一个衡量标准，这一标准并非一定有效，但依然强大。

这还没有算上数据计量。过去，警察使用罪犯的行为标记或地理标记来锁定他们的位置。今后，国际刑警组织、欧洲刑警组织、联邦调查局以及中央情报局和美国国家安全局仅仅根据"浏览组"（也就是说在互联网上的浏览记录）就能追踪网民：在一天的时间里访问的三十个网站构成一个十分明确的信息链，事实上足以将70亿人中的某一个人与之相联系，错误概率低于千亿分之一（条件仅仅是匹配算法一开始就经过了校准）。

埃隆·马斯克，以及其他人，提醒联合国和民众提防武装起来的人工智能的扩散。在并不那么遥远的将来，这些在程序上被设计为"做必须做的事"，但并未明确指出什么是"必须做的事"的自主武器无疑将比目前的无人机——

---

[1] 借助一台高端的超级电脑每秒钟进行数万亿次实验。

[2] 确切地说，是两名玩家玩的有限额的德州扑克。鲍林，博奇，约翰松等，《一对一的有限额的德州扑克有了解决之道》。

无论如何还是有人领航的——更有可能屠杀无辜者。美国一些大学对此进行的独立研究得出的结论是，这些武器所杀害的无辜者已经多过"被证实犯罪的目标[1]"。目前，我们拥有红外制导导弹，也就是通过热信号锁定目标的武器。有了纳米技术以及就像一只毫不起眼的蚊子一样悄无声息地杀人的微型无人机——这些技术如今已经问世——并且鉴于军方对所谓的"种族"生物武器（即能够辨别人身上的某一个基因序列，从而只杀死拥有该序列的人的病毒）的研究明显感兴趣，人们可以想象未来神经制导武器的出现，而这些武器有可能通过基因匹配锁定目标。

信息论专家皮埃尔·科莱以及其他一些人老说进化算法是革命性的。这种算法能够确定最佳的咖啡混合比例以便一个品牌实现口味标准化并且经年不变，无论咖啡豆的收成如何。这种算法还能通过试错确定人类工程师未能找到的卫星天线的形状[2]。通过对现实法则进行试错，这种算法在编写时可以发现全新的方法，正如生命一样。据说这种算法产生"合乎人情的–有竞争力的"结果，以至于它们都能申请专利了。

好吧，亲密信息科学、大众神经元科学和进化算法的交叉将使通过神经数据组追踪任何人、粉碎其自由意志、侵犯其隐私、危害其灵魂成为可能。这是一个严峻的问题，神经数据组太过珍贵而不能交与除本人之外的任何人。

---

[1]　基尔卡伦和艾克萨姆，《天降死神，人间炼狱》；本杰明，《无人机战争：遥控杀人》。

[2]　洛恩，林登，霍恩比等，《美国国家航空航天局空间技术 5 任务的一根 X 波段天线的进化设计》。

神经数据组

这一点在 2016 年表现得很明显，对随意对待人们的隐私这种令人难以容忍的现象，各国竟然表现出一定程度的无所谓，"神经数据组的 1984"那样的诱惑似乎很强烈……所使用的方法再简单不过了：在这个竞争白热化的世界上，一个符合神经工效学的人机交互方式有可能提高效率、节省时间、赋予我们的思维活动以杠杆，这不可估量。为了换取这一服务，人类得允许各种算法无限接近自己的思维活动，允许算法与人类共同进化，同意为效率的目的记录该信息。情报机构要做的就是非法攫取这些信息，就像它们每天所做的一样。

智能手表充分体现了信息技术与隐私之间的这种接近，智能手表记录我们的心率、我们的血糖含量、我们每天的步数等等。睡眠监测程序也一样，该程序本身是有益的，却让使用者的弱点被记录下来。不过，由于军事的原则就是打击敌人最薄弱之处，这些弱点有可能随后被用作攻击目标。一个你的所有隐秘弱点都被用来攻击你的世界将是一个令人恐惧的世界。但别忘了鲁米说过的话：如果你为人类设置陷阱，那么你最终会掉进这个陷阱。这一智慧值得弱点贩子们思考：玩火者必自焚。

军事的核心要务，也是使军事如此接近（事实上超越了）工业的，是行动方式的增加。在战略战术胜人一筹的基础上，重要的是一名战士手段的增多。武器的目的就是这个：从弓箭到无人机，武器被用作摧毁的手段。然而，为了使用摧毁手段，必须控制摧毁手段，这正是神经工效学的价值所在。在电影《她》中，一个智力开发系统在只收集了其使用者少量信息的情况下学习适合他的思维活动。基因编程能够以同样的方式学习去适合我们的大脑。

信息科学说，"她""飞快地"做到了这一点，也就是说随着"她"被使用：你使用软件越多，它就越了解你，也越适合你。这种"飞快适合"的天分使基因编程成为神经拟态的一个重要同盟。因为如果不是我们的大脑去适合我们的系统，而是我们的系统去适合我们的大脑的话，基因编程最为有效和合适。擅长于此的信息科学能够很快为一件产品、一种服务或一个软件找到最佳的神经工效学。

人们还不清楚进化神经工效学的全部潜力，军事神经元技术领域除外，进化神经工效学在该领域得到了大量使用[1]，因而不可轻视。

这种军事神经元工程的影响太过广泛，以至于人们不能冒险将其投于民用：它能增强一个人的力量，而这正是能力的定义。神经元技术可以说是大脑的航空电子技术，事实上该技术能增强知识和能力，想要独占这样一个手段而不能明智地对待它，这正是人类的愚蠢本性。但正如苏非教徒说的："要让魔戒发挥作用，得是所罗门才行。"对于它所增强的一切能力和一切知识而言，它都不能预防狂妄自大，不提供现成的智慧。因为虽然知识和能力可能以受约束的形式（比如集装箱或易拉罐）呈现，虽然存在令大家垂涎欲滴的"知识快餐"和"能力快餐"，但没有智慧技术，正如没有装在易拉罐里的智慧一样。

增强的人

自存在以来，晚期智人不断地赋予自己的神经以力量，这已经超越了他的身体赋予他的力量。他为此创造工具，这些工具增强了他的潜力，使他在

---

[1]　美国 F35 飞机上大量装备神经航空电子设备的头盔就价值 400 000 美元。

一生中能够做更多的事。

除了身体的工具，他还为自己创造思维的工具，例如文字、对数（这是维姆·克莱因所具有的那种不可思议的计算能力的基础）或信息技术，这些思维工具增强他每天的思考、学习、创造。由于我们不能看到未来，我们更加重视我们过去的技术，这使得我们有些狂妄自大，无法做到为创造未来的技术而摆脱过时的技术。尽管我们在几十万年的时间里为思维活动和身体活动开发了许多手段，但这不过是一个微不足道的开端。我们的科学技术最好是抛弃回望过去的傲慢，谦逊地展望未来，唯有这样才能走出其目前所处的幼稚期。

如果如此行事，我们将赋予我们的运动空间和思想空间足以藐视过去一切成就的力量。该力量将改变科学、艺术、政治、经济，实际上将改变任何人文学科，因为世上任何人文学科至少都是神经元的。以书写为例：我们的后代大概会震惊于现今人们写书的速度之慢，他能敲多少字符、他能组合多少句子、字词、概念，他的工作记忆受限于令人难以忍受的极限，由于这一极限，他记不清自己在两句话之前写了什么，不完全清楚他正在创作的作品的内容之间的联系。

今天，现有最好的人脑–机器交互技术使一名闭锁综合征患者能够每分钟写6个英文单词，但它还在不断超越自己。还有一个所谓的大脑到文本（brain-to-text）交互技术[1]，其基础是反向皮层绘图模型[2]：人们在一名

---

[1] 赫夫，赫格尔，德佩斯特斯等，《大脑到文本：根据大脑中的语音呈现来解码说出的句子》。

[2] 皮层绘图是皮层的功能绘图。例如，对我们的躯体感觉区进行绘图可以得到一张大脑皮层图，在上面可以认出舌头、嘴、脸等等。反向皮层绘图就是在一个已经进行绘图的区域注意到激活现象以指挥一台机器：不再需要说出一个字母，只需想到该字母，一台经过训练的机器就能识别该字母。

患者阅读一篇文章期间对植入其大脑皮层的电极进行校准以记录某些神经元的集体活动，随后人们试着把他的思想转变为文本。到目前为止该实验还不能根据思维写出一份可靠的文本，甚至不能准确地再现说出的文本以便人们识别，但装备了这些电极的病患能够看到他们的一部分思想转化成文字。一般说来，一个人在 QWERTY 键盘上键入文本的速度是每分钟 80 个字左右，最熟练的可以达到每分钟 100 个字。说话的时候一般每分钟说 150 个字左右。人们能超越这一数字，不张口就让字词蹦出来吗？或者甚至让我们的观念、思想、非言语的思维意象蹦出来，以便与他人分享吗？

过去，识字的人一辈子也写不了几句话，如今，他写的东西多多了，将来也许人们能每天写一本书或者读一本书，天天如此。这一壮举在我们看来大概就像是古人觉得读文章却不发出其中的字音一样奇怪。然而，未来的人机交互方式能够帮助我们更快、更有效、更多和更好地进出字词和想法。这既关系到读者，也关系到编辑，编辑的职业属于文本价值链的范畴，该价值链在上游包括思想，在下游包括思想的书面表达。有了神经技术，不仅可以压缩一本书的生产链，还可以压缩其消费和消化链。神经技术赋予书写和阅读以手段；有了进化神经技术，人们将扩大工作中的作者以及读者的实际思想空间，以使其与阅读相互关联或向他推荐新读物……人们将改变写作和阅读的人类工效学，创造巨大的价值，推动一场智力-工业新革命的出现。

因为有成千上万种方法来增加一个人在 24 小时的时间里所能做的，所能学的，或者甚至所能思考的。未来这些技术将创造就业，其规模之大将使我们完全摆脱目前的萧条。神经技术在创造就业方面可能是最重要和最广泛的手段，这是不能让其落入军方之手的另一个原因。

　　至于神经智慧，我相信自己从中学到了重要的一课：健康的人应由内而外地增强，而不是反过来。除非健康状况岌岌可危，人不应在大脑中引入只为增强而发明的技术，因为大脑、神经元、神经胶质细胞如今还是高于他见过的一切技术。人的大脑在 20 万年的时间里经历严酷世界的考验形成了耐性，试问人类的什么技术经受过如此漫长的考验？

　　我知道这种智慧得不到尊重，因为人宁愿顺从于"数字为王"——把自己封闭在迟钝的度量中，关于智力的，关于表现的，等等——而不是努力了解自己。在竞技运动中使用兴奋剂就是一个明显的例子。然而，每当他把自己封闭在自我营造的印象中时，他都会迷失，因为他本身并不是人的创造。人类在其社会性方面的模型，例如在其认知能力方面，还处于狭隘和不完整的状态，同样，将人的智力限制于 G 因素或将学术卓越限制于 H 因素（文献计量学这一伪科学的主要指标）是愚蠢的，不应将人封闭在技术中，人是超越时间的，而技术是转瞬即逝的。

　　"倍增的人"，这个术语概括了神经技术的潜力。如果人的心灵在自我方面并不健全，那么就很有必要担心其倍增。如果人的心灵健康而明智，我们当然希望其倍增。从维特鲁威人到神经增强的人，同样的问题依然存在：人们置于手段核心的依然是——并且始终是——人吗？正是因为数量庞大的心理不成熟的人将工业手段交付于少数疯子，20 世纪才如此残暴。至于 21 世纪，它将是明智的或者并不明智的。

　　但要做到明智，人最好是由内而外地增强。这就是神经拟态的忠告：从大脑开始，赋予其力量，方便其执行任务，让你的各种系统服务于它，这样它就能强硬地对待这些系统。在数十年的时间里，某些信息论专家蔑视人机交互，理由是人脑应服从于电脑，这难道不可笑吗？人的良性增强应是让神经像统治帝国般增强，让它们的每一项指令被一丝不苟地执行，让每条神经都被准确而可靠地增强，以使每一项思维活动、大脑使用的每一盎司葡萄糖都得到最大限度的发挥。这就是人由内而外的增强。否则，人类将作茧自缚[1]。

---

[1] 可以想一想才华横溢的神经科医生菲尔·肯尼迪的例子，为了测试其神经滋养电极模型（一种颅内电极，促使周边神经元增长以便在大脑中稳定下来，因此能够长时间携带而不会随着时间推移被瘢痕组织覆盖），他在自己的身体里植入了他的发明，目的是收集能说明大脑中联结编码的数据，以便使患闭锁综合征的患者有朝一日能够开口说话。由于没有得到美国食品和药物管理局的同意，他在伯利兹进行了手术。他获得了有价值的数据，但代价是比预期时间更长的康复期，并且患上了他认为是永久性的语言障碍。这些电极将在他的大脑中存留终身！

5. 思维体操的七个练习

　　苏非派大师阿布·阿布德·拉赫曼·阿勒苏莱米（937—1021）写过一篇短小精悍的文章《灵魂疾病及其治疗方法》。他在文中指出了我们灵魂的疾病、其征兆以及简单的治疗方法。我既没有阿勒苏莱米的智慧，也没有受过像他那样的启蒙，但我认为，随着神经科学的进步，应在 21 世纪重现他的尝试。要产生神经智慧，不仅仅要说明如何锻炼我们的大脑，还要理解为何要锻炼我们的大脑。

　　有一个古老的民间传说（苏非教徒奥马尔·阿里·沙阿认为该传说至少可追溯至波斯诗人阿塔尔），该传说道出了现代神经科学之关键："我们带着关于大脑所有秘密的深刻认识降临人间，但在出生时，一位天使把他的食指放在我们的嘴巴上让我们忘却这些秘密，因此我们所有人的上唇之上都有一个小坑，这是天使手指的印记。"

　　为什么把神经智慧和思维体操联系在一起？因为体操一词本身与智慧的渊源颇深。这个词来自希腊语 gymnos，意思是"裸体"。文艺复兴的理想，就是裸体的神圣性，与衣服不同，裸体并非人的创造。文艺复兴时期的艺术家们不把身体和衣服放在相同的美学层面，他们常常先描绘赤裸的人体，然后再给人画上衣服。因此"体操（gymnastics）"一词源于裸体练习体操，体现了身体之纯净。

可以以同样的方式想象 gymnoetic（思维体操或裸体思维锻炼），其唯一的定义属于神经智慧的范畴：因为，正如使用了兴奋剂的运动员进行的并非古希腊人所说的体操（他并未"裸体"）一样，使用了神经兴奋剂的学生也并不是在做思维体操（他的思维并不赤裸）。自豪于自身学业的狂妄自大的学生也并没有在做思维体操，因为他的思维充斥着自我，拘泥于各种模式和老套的系统。体操所追求的就是得到充分发展的身体，而非使用了兴奋剂的身体；思维体操所追求的，是得到充分发展的思维，被解放的思维，而非机械的思维。

赤裸的思维本身就是一种美德，说明我们的学生有无限的学习能力。伽利略把赤裸的思维定义为"自由人（ingenus）"。对他来说，这是科学方法的一个基本要素：赤裸的思维并非由人创造，但人给它穿上规则、标准的外衣，这些规则、标准终将禁锢它，区分它。在身体体操方面，这一概念是 systema（西斯特玛）的核心，systema 是俄罗斯军人操练的一种武术，在这种武术中没有腰带，没有规定的装束，没有特别的套路，只有自由的动作。同样，空手道一开始被叫作"唐手"，后来变成"空手"，以反映其深层含义。

如果说体操的目标是增加我们身体动作的自由度，那么思维体操的目标则是增加我们思维活动的自由度。一些思维体操的系统化程度很高，就像空手道一样。另外一些没有体系，就像 systema。就是这样。

1）练习明晰的主观性

苏非教大师阿里·恩多认为，明晰的主观性是一切形式的精神成长的基础（在神经科学能够赋予"精神"一词"思维活动"意义的情况下）。同样，伊得利斯·沙阿把精神练习定义为"精神–人类学"。其他人，例如古尔捷耶夫提到"回想自己"，而佛教禅宗直言"观心"，用日本曹洞宗的说法就是"只管打坐"。今天的神经科学通过科学手段观察冥想对我们的精神产生的影响[1]。即便没有这般详细，但好好练习思维体操就能让我们看到自己工作中的头脑，观察它的偏见、限制、无意识活动、条件反射，以确认其主观性以及对其客观性的长期错觉。

练习明晰的主观性，就是明了如何洗涤头脑，让思维裸露出来。事实上，我们的精神卫生状况很差。我们意识不到那些神经症、悲观情绪、怨恨、各种框架以及推动我们的无意识活动。这些精神垃圾玷污了我们的灵魂，就像汗水和污垢弄脏身体一样。这些垃圾禁锢我们的人生，限制我们对现实的判断，尤其是对自身或他人的判断。我们知道定期清洗身体有益健康，但目前，我们对精神的清洗没有这么勤快。有多少人是带着日积月累的精神污垢在思考、学习、行动和生活而毫无察觉，因为只有知道精神污染存在的人才能闻到这种污垢的味道。也许人类的一切疾苦都可以通过精神卫生，通过简单的"神经浴"得到解决，因为个人的神经官能症可能集中表现为国家的神经官能症（民族主义是该病最危险的例子）。大城市的神经污染现象也是大面积精神污垢的来源，且这种污染针对性更强、更具隐伏性：发动机的噪声、光污染、拥堵，这些长期污染着我们的灵魂。虽然我们睡前会洗澡，但我们会冲洗自己的精神吗？

某些形式的精神污垢受到国家、当局、体制或同辈的鼓励和奖励。父母会把这些污垢传给子女，教授会把这些污垢传给学生。但如同许多国家已经消灭了疟疾一样，终有一天人们仅仅通过讲究公共主观卫生就能消灭一些如

---

[1] 艾伦，迪茨，布莱尔等，《经过主动控制的专注力干预后认知-情感神经可塑性》；戴维森和卢茨，《佛陀的头脑：神经可塑性与冥想》；卢茨，斯莱特，邓恩等，《注意力调节与冥想监测》；里卡尔，卢茨和戴维森，《冥想者的精神》；罗森克兰茨，戴维森，卢茨等，《基于静观的减压与神经性炎症消炎中主动控制的对比》。

今被认为是不治之症的疾病。

身体的卫生在我们看来一目了然，因为我们能意识到自己的身体，但我们意识不到自己的思想。不断练习对自己的思维活动的强烈意识，使之成为第二天性，这就是练习明晰的主观性。

2）懂得卸载"应用程序"

我们的大脑有出生时自带的软件以及后天安装的软件。这些后天安装的"应用程序"基本上是在我们年轻时被下载到思维活动中的，虽然我们对此毫无察觉。安装这些应用程序的主要是权威人士：父母、教育工作者、体制、媒体，当然还有国家。正是因为观察到这一点，所以所有极权主义国家严格控制年轻人的思维软件的设计。

我们懂得在智能手机上安装、测试一个应用程序并且在该程序不再适合我们的时候将其卸载。为什么我们在精神生活中却不懂得这么做呢？如果父母曾教导我们什么样的东西有哪些缺点，那么随着年龄的增长，我们应该有能力卸载那些不怀好意的思维软件。另外，青少年期总是被误称为"愚蠢的年龄段"：正是在这个年龄，我们发现自己能卸载父母加载的应用程序，独立思考，主宰自己的精神生活。在这个卸载的年龄，正如在刚会走路的年龄一样，我们一开始显得笨拙（对它的夸张讽刺由此而来：它显得"愚蠢"），但这段时间在人类的进化中极其重要。因为一个人如果不会管理自己的思维软件，他绝不会自由。

然而，带着装在脑袋里的"垃圾软件"（正如拖累电脑的无用的多余软件一样）过了一辈子的人很多。某些软件有一个可视的界面，而另一些软件则在电脑的后台悄无声息地运行，同样，某些垃圾思维软件我们意识得到，其他一些我们意识不到。这就是为什么人们有时可以在催眠状态下卸载它们，这种做法就是"获得对思维活动的管理权"。

如果你练习明晰的主观性，你将能识别不知不觉中被安装在头脑里的无用、危险和妨碍你健康成长的垃圾软件。这些软件可能是无足轻重的：我首先从精神生活中卸载的一个垃圾软件就是对分数的痴迷。有一天我意识到我所受的教育并没有引导我去探求真理，而是去获得糖块。糖块的大小由取悦学校权威人士的程度决定，甚至为了获得这一奖励我必须在卷子上写下真理的反面。这一应用程序成了我的一部分。一开始，我以为将其卸载将切掉我的身份的一部分，这真是大错特错：重新掌控自己的精神生活在任何时候都是一种解放。

3）从习得性无助到习得性强大

人类中最具欺骗性、毁灭性和最广泛存在的垃圾软件之一是习得性无助。"我做不到。""我配不上。""我不能胜任。"

兹比格涅夫·布热津斯基说得太好了，在今天，"杀死一百万人比统治一百万人容易"。驭象人了解这一现象，从中得出了训练象群的方法。一头成年大象过于强大，不容易训练，于是人们用思想链条来取代身体链条，效果要好得多。人们是这样给大象套上思想链条的：小的时候，大象被锁在一条对它来说非常坚固的链条上。在长大的过程中，它认识到这根链条是不可能被挣脱的，因此成年后，当它有体力挣脱时，它的思想仍套着枷锁，甚至不再试图逃跑。你不妨想想：你拥有多少根这样的精神链条？

第一次你试图挣脱一根链条时，由于它已经成为你自我的一部分，它会尽全力抵抗，以证明自己存在的合理性。它让你想起每一次的失败，向你强调："我跟你说过你不行"以及"没必要尝试"。你务必坚持不懈，绝不放弃，你比你所受的教育告诉你的那个自己强大多了。

4）做一个获得解放的尼欧菲尔[1]——对新事物充满激情

你只有在做自己热爱的事时，才会异常坚持。跟其他很多人一样，篮球运动员迈克尔·乔丹也喜欢回忆自己曾多少次遭遇失败，事实上他比别人失败的次数更多，除了他自己没人相信他的才能。打破习得性无助这条锁链的最佳方式是热爱、冲动、激情，这有助于坚持下去。

你越是练习明晰的主观性，就越能意识到纠缠你思想的可鄙的应用软件。这些软件你卸载得越多，就越能意识到习得性无助这类不怀好意的软件的存在。你卸载得越多，就越能从习得性无助转向习得性强大。这样一来，阻碍你进入新学科（数学、绘画、音乐，谁知道呢？）的壁垒将会降低。这时思考下述问题将变得更加容易：我上一次尝试新事物是什么时候？就大多数人而言，这个问题令人痛苦，或者说让人不舒服，他们宁愿逃避这个问题。正是这个问题让我们直面我们的精神锁链，这些锁链本质地抗拒我们，令我们沮丧，就像计算机病毒抗拒杀毒一样。这就是为什么我建议只有在练习明晰的主观性、卸载垃圾软件和获得习得性强大之后才向自己提出这个问题。这时这个问题变得令人陶醉：正是这个问题激励文艺复兴的"君子们"去同时探索和从事多个学科。从安萨里到米开朗琪罗、乔尔达诺·布鲁诺、达·芬奇或理查德·弗朗西斯·伯顿，这些博学家有一个共同点：对新事物的激情，即"迷新症"。这种激情的燃烧离不开美国人所说的"Can-Do"态度，即"我能做"。这种能力直接来自习得性强大。

5）练习思维灵活性技巧

患上迷新症后，你自然就想拉伸自己的思维空间，就像拉伸肌肉一样。你的思想空间将更灵活，适应性更强，因此能胜任比之前更多样的姿态和形

---

[1]　尼欧菲尔（neophile），对新事物有强烈亲近欲望的人。

式。我们看到在大脑的探索和利用之间存在一个恒久的妥协：利用是准则性的，探索是创造性的。利用喜欢分数和奖励，而探索——正如过度理由效应表明的——在摆脱胡萝卜和大棒后做得更好。

首个脊髓灰质炎疫苗的研制者乔纳斯·索尔克曾经说过："我的态度始终是保持开放的心态，不断探索和审视，我相信大自然中的万事万物就是这样运行的。许多人思想狭隘、僵化，我不想这样。"

美国科学家亚历山大·威斯纳-克罗斯曾向自己提出这样一个问题：人们能列出智力方程吗？他的发现值得注意：在他看来，智力，首先是最大可能地保持行动自由的能力。懂得为自己保留尽可能多的开放性选择的系统，是自由的系统，是智慧的系统。它们的特性是尽可能地摆脱形式的束缚。这就是为什么我喜欢苏非教的这句至理名言："真理，没有任何形式。"因为任何形式都不能包含全部真理。同样，任何形式都不能包含全部智力。

2016年，当谷歌公司让人工智能 AlphaGo 与围棋大师李世石对决时，软件的胜利就在于它能保持最大限度的自由。在经典的地缘政治学中，人们常常把战略定义为保留未来最大行动自由的技巧。在知识的地缘政治学——知识政治中，情况是一样的：在思维空间中争取最大的活动自由。就一个人而言，为自己最大限度地保住智力活动自由的能力并不是一个缺点，而是一个大大的优点，是智力的基础。然而，今天，认为智力就是限制思想的低层次的思想家很多。两个极端都很危险：统一将思维空间限制在某一范围，或完全不限制思维空间，任其向各个方向随意伸展游走，这是两种同样无效的姿态，因此必须平衡探索和利用。

当伍德利、德尼延胡伊斯和墨菲最近假设人们的普遍智力水平在下降时，我想他们一定以为利用就是智力。如果他们所测试的实验对象仅仅表现出更多的思维自由、更多的想象力、较少的因循守旧，那么，在威斯纳-克罗斯看来，这就是普遍智力水平提高的显著证据。

智力就是自由。禁锢大脑，这种行为既不讨巧，也不明智：你必须知道怎么去做。任何手工劳动都会暂时限制手的动作，但你还得知道怎么摆脱它。正如伯顿吟诵的："是的，因为不知自己不知的人不会知。"一致并不是智慧之举。如同工业化的农业把一致作为最大优点，从而导致生物多样性降低一样，工业化的精神文化（源于从中小学到大学的打分生活）也导致了精神多样性的降低。

6）让你的思维空间化

使你的思维空间化，直至该技巧成为第二天性。打造你的内心宫殿，这样你就会庄重地对待你的思维活动。伯顿说，"把你的思维变成一个帝国"。思维活动的宫殿从空间开始，但通过情绪记忆和联想记忆铺展开来。历史学家皮埃尔·波泰通过描述中世纪的地界划分手段清楚地阐明了这一点：由于没有书面的地籍簿，农民们会就一块土地的划界达成一致并让一个孩子充当证人。当那孩子记住了这个地方，人们就给他一个大耳光以巩固他的记忆[1]。

肾结石，是肾里的石头。同样，我们可以严格按字面意思领会"思想结石"这一表达，把我们的思想看作一个空间，就如同巨石阵中的石头一样。这种记忆的技巧自石器时代以来就一直被使用。

打造你思维活动的宫殿，你的认知就会展现在自己面前。这是持续练习明晰的主观性的绝佳手段。这也是促进习得性强大的一种练习，因为通过建造你自己的知识博物馆，你会不断向自己证明你的能力和潜力。

---

[1] 波泰，《中世纪的标桩技术：从实践到理论》。

7）无视你的同辈！

同辈把我们置于他们的水平，思维的、智力的、精神的，等等。这可能是积极的（"既然我能成功，为什么你不能呢？"），也可能是消极的（"既然我失败了，你怎么会成功呢？别自以为是了。"）。然而，只要你想别人之所想，你就不会自由。如果说智力就是自由，那么智力的基础是独立思考而不担心其他人在想什么的能力。这就是真正成熟的状态，与儿童相反，儿童总是在担心其他人在想什么。一辈子都是一个长不大的孩子难道不可悲吗？

我建议所有人都要让自己的活动自由最大化，并与想要阻止他发散思维的同辈针锋相对。伯顿建议："做人性要求你做的事情，不要期待别人的掌声。遵循自我之规则的人活得最高贵，也死得最高贵。遵守任何其他的生活方式的人不过是行尸走肉，置身幽灵的世界。"

我没有什么要补充的了，因为这种没法无所畏惧地独立生活和思考的人，我一生中见得多了。

对于想要给你打分的人或者问你得了多少分的人，告诉他们：

"我的分数？我活出了二十分之一的我。你呢？"

鸣谢 >>

本书部分源于我的博士论文《软件神经工效学和仿生学促进知识经济：为什么？如何？什么？》（巴黎综合理工大学，2016年）；我感谢以下所有人，没有他们，这项科学和工业研究不可能完成：保罗·布尔吉纳；皮埃尔-让·班加西；皮埃尔·科莱；伊芙·比尔诺；查尔斯·提图斯；伊内斯·萨菲；弗朗西斯·卢梭；塞缪尔·特隆康；菲利普·贝勒哈桑；沙维尔·布里；何重谊；马克·马卡卢索；赛义德·沙力克；奥萝尔·阿莱曼；奥利维娅·勒卡森斯；玛丽·帕尔默；马克·富里耶；塞尔日·苏多普拉托夫。

我还要感谢弗朗索瓦丝、尤内和塞利姆·阿贝尔坎。

最后，要感谢编辑罗伯特·拉丰出色的编辑工作。

图书在版编目（CIP）数据

解放你的大脑 /（法）伊德里斯·阿贝尔坎
（Idriss Aberkane）著；刘莉译. — 长沙：湖南科学
技术出版社，2019.3
ISBN 978-7-5357-9883-1

Ⅰ. ①解… Ⅱ. ①伊… ②刘… Ⅲ. ①脑科学—普及
读物 Ⅳ. ① Q983-49

中国版本图书馆 CIP 数据核字（2018）第 176975 号

© 中南博集天卷文化传媒有限公司。本书版权受法律保护。未经权利人许可，
任何人不得以任何方式使用本书包括正文、插图、封面、版式等任何部分内容，
违者将受到法律制裁。

著作权合同登记号：图字 18-2017-094

Originally published in France as:
LIBÉREZ VOTRE CERVEAU by Idriss Aberkane
© Editions Robert Laffont, S.A., Paris, 2016
Current Chinese translation rights arranged through Divas International, Paris
迪法国际版权代理

上架建议：畅销·社科

JIEFANG NI DE DANAO
解放你的大脑

作　　者：［法］伊德里斯·阿贝尔坎
译　　者：刘　莉
出 版 人：张旭东
责任编辑：林澧波
监　　制：吴文娟
策划编辑：董　卉
特约编辑：李甜甜
版权支持：辛　艳
营销编辑：程奕龙　徐　燧
封面设计：潘雪琴
版式设计：李　洁
出版发行：湖南科学技术出版社（湖南省长沙市湘雅路 276 号　邮编：410008）
网　　址：www.hnstp.com
印　　刷：北京天宇万达印刷有限公司
经　　销：新华书店
开　　本：700mm×995mm　1/16
字　　数：220 千字
印　　张：17.5
版　　次：2019 年 3 月第 1 版
印　　次：2019 年 3 月第 1 次印刷
书　　号：ISBN 978-7-5357-9883-1
定　　价：49.80 元

若有质量问题，请致电质量监督电话：010-59096394
团购电话：010-59320018